Working Holiday Neuseeland

interconnections

Phantastisches Südamerika

Reise in eine fremde Welt

Eine ungewöhnliche Reise durch Ecuador, Peru, Bolivien, Chile, Argentinien. Geschrieben mit wachem Blick und viel Herzblut.

ISBN
978-3-86040-208-5
€ 15,90

Sex, Mord und Halluzinationen

Traum und Alptraum eines Aussteigers in Venezuela

Ein Frankfurter Banker, beschreibt und verarbeitet in seinem Roman abenteuerliche und lebensgefährliche Erlebnisse während seiner Rucksackreise durch Venezuela.
Liebenswerte, amüsante Schilderung des Zusammenlebens von Deutschen und Spaniern in einer Wohngemeinschaft. Viele Missverständnisse, Turbulenzen und natürlich Liebe.

ISBN
978-3-86040-226-9
€ 17,90

Working Holiday Neuseeland

Auf eigene Faust

Georg Beckmann

interconnections

Impressum
Reihe »Jobs, Praktika, Studium«, Band 51

Georg Beckmann
Working Holiday Neuseeland
Auf eigene Faust

Auflage 2017
ISBN: 978-3-86040-275-7
Umschlagfotos: Fotolia, vorn: Man and woman sitting on top of jeep near mountain lake, © biker3, hinten: Apple harvest, © Jakub Cejpek

interconnections, Schillerstr. 44, 79102 Freiburg
Tel. +49 761 700 650, Fax +49 761 700 688
info@interconnections.de
www.interconnections-verlag.de, www.interconnections.de
www.reisetops.com

Inhaltsverzeichnis

Neuseeland

Einleitung

Ein bilaterales Abkommen zwischen Deutschland und Neuseeland erlaubt es jungen Deutschen, zwischen 18 und 30 Jahren, das Working Holiday-Visum zu beantragen und damit zwölf und bei Verlängerung sogar bis zu fünfzehn Monate reisender- und arbeitenderweise auf dem Inselstaat zu verbringen. Dies zur Förderung des kulturellen Austausches zwischen beiden Ländern.

In der Realität wird das Visum auf die unterschiedlichste Weise genutzt. Da gibt es den typischen Backpacker, der viel reist, campt und sich oft einfach an sein nächstes Ziel treiben lässt, wo er dann irgendwie in einen Job hineinpurzelt. Dann gibt es Leute, die das gesamte Jahr an einem Ort bleiben, da es ihnen dort gefällt, sie sich einen Freundeskreis aufgebaut und ihr Leben eingerichtet haben. Wieder andere suchen sich eine qualifizierte Arbeitsstelle, um später ggf. richtig auszuwandern. Jeder wird letztlich ganz individuell seine Zeit in Neuseeland gestalten, je nach Vorlieben und Persönlichkeit.

An alle diese Kategorien von Reisenden wendet sich das Handbuch. Es soll ihnen einen Überblick im Labyrinth der Möglichkeiten verschaffen und gebündelt alle Informationen offenlegen, die einen entspannten Working-Holiday-Aufenthalt gewährleisten.

Erfahrungsbericht Michel Engler

Mit Neuseeland kam Michel als erstes über einen Kumpel in Kontakt, der direkt nach dem Abi ausgezogen war, dieses Land zu erkunden.

„Während ich also direkt studierte und genau „funktionierte“, wie man sich das vorstellt, kam er zu den unmöglichsten Zeiten online und hatte offensichtlich eine Menge Spaß. Als er wieder da war, zeigte er mir Bilder und erzählte mir davon, und ich musste ihm versprechen, auch mal hinzufahren.“

Es sollte eine Weile dauern, bis Michel dieses Versprechen einlöste.

„Ein abgebrochenes Studium, eine Handwerksausbildung, ein bisschen hier und ein bisschen da, und es war etwa sechs Jahre später, als ich gegen die Billigung großer Teile meiner Familie mit einem Köfferchen voller Werkzeug am Flughafen Vancouver in Kanada stand.

Von unserer Warte schon auf halbem Weg nach Neuseeland und aus ökonomischen Gründen (mit kaum 1000 $NZ in der Tasche) hielt ich dies für die bisher beste Möglichkeit meines Lebens, hinzukommen und bestieg das erstbeste Flugzeug nach Auckland. Mit 27 Jahren war ich dankenswerterweise weitsichtig genug, drei Nächte in einem Hostel im Voraus zu buchen und die Adresse auf einen Zettel gekritzelt zu haben. Irgendwas sagte mir, dass man nach 26 Stunden Flug und mit einem Haufen Gepäck keine Lust hätte, sich mit so etwas zu beschäftigen. Bis auf das Monate im Voraus auf Verdacht beantragte Work and Travel-Visum und 200 NS$ in bar war das aber auch schon alles an Vorbereitung. Die Einreisekontrolle war weder an meinen kanadischen Schafwollpuschen noch an meinen deutschen Barbeständen oder Wertgegenständen interessiert, und nach ein bisschen Papiergedöns und Schlangestehen wurde ich dann gegen 5 Uhr morgens eingelassen.

Die Götter der Unbedarftheit meinten es gut mit mir: Ein am Flughafen wartendes Shuttle war etwa 20% billiger, als es das gleiche Auto im Voraus gebucht gewesen wäre (darüber hatte ich nachgedacht, es dann aber verworfen, „Sinn für Abenteuer“ und so!). Das aufs Geratewohl gebuchte Hostel hatte eines der höchsten Rankings überhaupt und war wirklich nett, und mein Jetlag machte die Nacht zum Tag, so dass ich hellwach war, als zwei Stunden später die ganzen Behörden aufmachten. Der Chef vom Hostel wusste sofort, worum es ging und hatte eine Karte der Innenstadt mit ein paar Kreuzen zur Hand.

Das Spiel hieß „Leben in Neuseeland starten“, was darauf hinauslief, die IRD (Steuernummer) auf einem Postamt zu beantragen (5 Minuten, 0 Dollar), unnötigerweise (wie sich hinterher herausstellte) das Visum noch mal schön in den Pass gedruckt zu bekommen (10 Minuten, 0 Dollar), ein Kinderhandy mit Guthaben zu kaufen, damit die Leute einen auch anrufen konnten (10 Minuten, 80 Dollar) und ein Konto zu eröffnen (10 Minuten, 0 Dollar). Zum Mittagessen gab es dann einen Burger bei „Fuel Burger“, der mir vor Jahren empfohlen wurde und mir Gelegenheit gab, die Frage, ob ich eine Organisation hätte haben wollen, zu erörtern. Offensichtlich hatte ich keine, und bei genauer Betrachtung hätte sie mir an diesem Vormittag unter Umständen eine Dreiviertelstunde durch Wegoptimierung sparen können. Ich fürchte, ich verdiene nicht genug Geld pro Stunde, um das zu rechtfertigen. Man muss natürlich relativieren: die „Sicherheit, jemanden zu haben“ braucht man wohl als gestandener Handwerker mit Berufserfahrung nicht mehr so sehr, wie man sie gleich nach der Schule hätte haben wollen …

Auch sprach ich Englisch gut genug, um mehr als nur etwas zu essen zu bestellen, um nicht zu sagen einigermaßen fließend, je nach Thematik. Bei der Suche nach einem Job hätte mir eine Organisation sicher nicht helfen können.

Als Kind des Ruhrgebiets, das auszog, um Menschenmassen und Stadt gegen Landschaft einzutauschen, war ich von Auckland wenig begeistert und wollte es so schnell wie möglich verlassen. Am Nachmittag hatte ich schon die ersten zwei Dutzend Backpackervans angeschaut, war aber überrascht von den Preisen, die sie offensichtlich erzielen. Zwar hatte ich mit knapp 10.000 Euro Startkapital mehr als genug Geld, um die ersten paar Tage zu überstehen. Als begeisterter Wohnmobilist, der seit knapp zwei Jahren durchgängig in Mobilheimen mit Stehhöhe lebte, konnte ich mich für rostige 300.000 Kilometer-Van-Schüsseln in meist fragwürdigem Zustand, in denen man nicht mal stehen konnte, nicht weiter erwärmen, trotz des Equipments ... – Glücklicherweise ist Auckland aber die größte Ansiedlung von Menschen und ihren Gebrauchtautos im ganzen Land, sodass jeder hier etwas Passendes finden können sollte. Daher halte ich Auckland für einen guten Ausgangspunkt.

Da ich nicht von Deutschen aus Facebook kaufte, sondern von einer Kiwi-Oma, die ihren liebevoll gepflegten Peugeot 205 loswerden wollte, gab's mit 1500 Dollar ein echtes Schnäppchen für einen Wagen mit gerade mal 90.000 Kilometern. Alles, was verschleißt, war neu, und WOF war auch gerade frisch. Da Peugeot eine europäische Marke ist und damit unzuverlässiger als japanische Produkte galt, wollte niemand außer mir zuschlagen … Auf dem Postamt wurde das Auto in meinen Namen registriert (5 Minuten, 10,20 Dollar). Zurück am Hostel wurde es versichert (5 Minuten, 250 Dollar für nur Haftpflicht) und das Werkzeugköfferchen geöffnet, um die Sitzbank und den Beifahrersitz zu entfernen. Mit ein bisschen Holz aus dem Baumarkt entstand binnen Stunden ein Minicampervan, in dem man zwar auch nicht stehen konnte, der aber nur 5,5 Liter Benzin auf 100 Kilometer brauchte und aus motorsportbegeisterter Sicht erheblich besser zu Neuseelands Straßen passte als ein buntbemalter Van mit 75 PS.“

Eine weitere Nacht im Hostel bestärkte Michel in der Einsicht, dass es wenig toll war, mit fünf fremden Männern in einem Zimmer zu nächtigen.

„Da es wegen meiner Ausbildung als Mechaniker für eine Marke eigentlich nur einen Arbeitgeber gibt, bei dem ich alles geben kann, hatte ich mich mit Adressen der Niederlassungen im Land versorgt und das vorläufige Ziel auf Christchurch gelegt.

Etwa 20 Kilometer außerhalb von Auckland fing mein Neuseeland an. Ich fürchte, ich kann es nicht mit Worten beschreiben. Die Landschaft ist wunderschön, und wenn es einem nach zehn Minuten langweilig wird, ändert sie sich radikal und ist wieder wunderschön. Mal auf gewundenen Sträßchen, mal über Schotterpisten und durch Bäche – und überall sieht man Campervans, meist mit deutschen Besitzern. Wellington war wieder nur eine große Stadt, die ich binnen Stunden mit dem Schiff verließ.

Dankenswerterweise bei schönstem Wetter ging es auf die nettere (weil weniger bevölkerte) Südinsel. Am nächsten Nachmittag kam ich am Ziel an, griff meine mittlerweile seit Jahren mitgeführte Bewerbungsmappe mit einem CV und Kopien von Dingen, die fürchterlich imposant aussehen, aber auf Deutsch sind, und damit wenig hilfreich – sollte man meinen. Aber offiziell aussehende Papiere sind überall in der zivilisierten Welt gern gesehen, und nach ein bisschen Hin und Her hatte ich nach vier Wochen im Land und zwei Wochen aktiver Bewerbung den Job, den ich gelernt hatte, bei dem Arbeitgeber, zu dem ich wollte, und mit der Option, gerne länger als nur ein Jahr zu bleiben, da mein Beruf auf der Liste der benötigten Fertigkeiten steht. Ich bekam ein „UTE“, wie man in Neuseeland den amerikanischen „truck“ mit Allradantrieb und Ladefläche nennt. Dann musste ich noch den einen oder anderen Tausender in Werkzeug investieren, weil man in vielen Ländern komischerweise das Werkzeug nicht gestellt kriegt. Ich fahre nun auf fremder Leute Kosten die komplette Südinsel hoch und runter, besuche in Teepausen Touristenattraktionen am Wegesrand und verdiene dabei sogar noch Geld. Insgesamt sogar mehr Geld als bei uns, da die Steuerlast ungleich niedriger liegt.

Bis zum ersten Gehalt gab ich etwa 3500 Euro für alles aus und konnte danach aufhören, meine Ersparnisse weiter aufzubrauchen. Das deckt sich mit der Erfahrung aus Kanada, wo ich etwa 5000 Euro in den sechs Wochen bis zum ersten Gehalt ausgab (inklusive Erstehen von Auto, Wohnwagen und Motorrad). Wollte man mit Gewalt reich werden, wäre das in den Kohle- und Goldminen im Umkreis dank Schichtarbeit problemlos möglich – ich persönlich komme aber gut mit ein bisschen Freizeit klar, habe mir ein Moped besorgt und bin fast jeden Tag irgendwie draußen. Es ist ein Outdoorland, und man kann eine Menge Sachen machen und noch viel mehr auf geführten Touren: Jagen und mit einem Geländewagen durch Wälder und Moore holzen, 1000 PS legal auf die Straße bringen usw. ist ja alles bei uns verboten und schränkte mich zwar bisher nicht ein, wird hier aber intensiv praktiziert, und ich kann ab und an daran Gefallen finden.

An schönen Wochenenden geht's dann auf die DOC-Campingplätze, die sich an den schönsten und abgeschiedenen Plätzen finden. Manchmal gehe ich sogar mal – und ich kann nicht glauben, dass ich das jemals sagen würde – wandern, zu Fuß, tagelang."

Natürlich hat auch das Paradies seine Schattenseiten, wie Michel feststellte:

„All diese schönen Sachen kauft man zu einem Preis: Zum Beispiel haben die hier keine Ahnung von Käse. Was angeboten wird, ist eine Frechheit. Außerdem steht man hier voll auf rote Bete – beides wird auf Pizza gern mal kombiniert. Ich weine mich darüber manchmal in den Schlaf ... – Mein Kumpel, der mich gerne zurück in seiner Nachbarschaft hätte, erwähnt natürlich jedes Mal am Telefon, wie gut seine Pizza sei. Darüber lege ich nicht selten empört auf. Süßigkeiten sind ein genauso dunkles Thema, und es gibt nur dumme Kekse, und dann die Klos erst ...! Ich spare mir hier Details, aber es geht definitiv besser.

Letztlich kann man aber fast alles haben, es dauert halt ein paar Monate, bis es dann hier ist. Vermissen tu ich aber nicht viel, und das Land und die Leute machen viel wett und sind mehr als nur eine Reise wert. Ich arbeite seit fünf Monaten in einem kleinen Ort an der Westküste des anderen Endes der Welt, wohne mit meinem Arbeitskollegen, der inzwischen ein Kumpel ist, in einer WG (wer bei Wildfremden einzieht, findet nicht selten nette Leute), es wird hart gefeiert, scharf geschossen, schnell gefahren, und wenn ich morgens aufwache, regnet es entweder, wie ich es noch niemals zuvor erlebt habe, oder man sieht am Horizont den Mount Cook alles überblicken und bis dahin den Regenwald unter blauem Himmel. Dann kommt das Mofa aus dem Schuppen, es geht einmal um die Ecke an den Strand hinterm Haus und eine halbe Stunde am völlig menschenleeren Ufer der tasmanischen See entlang, während die Wellen sich brechen und die Gischt den Schlaf aus den Augen wäscht, das klare Meerwasser die Räder umspült, sich eine Robbe in der Morgensonne räkelt und Strandläufer aufgeregt herumstaksen – blablabla! Fürchterlich romantisch, sogar für einen groben Handwerker – sogar wenn's dann fünf Minuten später doch anfängt zu regnen, was nicht selten ist. Die vielen grünen Wiesen kommen nicht von ungefähr, und die große Auswahl an Gummistiefeln in Schuhgeschäften zeugt von den Wetterbedingungen. Jedenfalls ist das gerade mal der Weg zur Arbeit, und da beginnt der Spaß erst richtig mit extremem In-Schafkötteln-unter-Maschinen-Wälzen, zusehen, wie sich hundert Kühe um den Firmenwagen scharen und anfangen ihn zu demolieren, man beim panischen Verlassen der Koppel im Allradler über Kuppen fliegt und durch Bäche kracht, vom Zaun elektrogeschockt wird, um das Tor zu öffnen und schließlich genötigt wird, tatsächlich noch mehr Papierkram auszufüllen als bei uns daheim üblich. Ein Blick auf die Szenerie entschädigt jedoch mal wieder für einiges, und das Leben ist schön!

Ich bleibe auf jeden Fall noch eine Weile und kann's nur empfehlen – vorausgesetzt, man kommt mit Landschaft klar und braucht nicht übermäßig viel historischen Hintergrund (die „Zivilisation" ist je nach Region gerade mal 80 bis 160 Jahre alt und daher gibt's keine coolen Burgen mitten in der Landschaft, und Museen sind irgendwie so ... unnötig).

Das WH-Visum ist also auch ein guter Start für Leute mit Berufserfahrung, weil es ein völlig unkomplizierter Weg ins Land ist und man sofort anfangen kann zu arbeiten. Andernfalls müsste man nämlich durch den Immigrationsprozess, und darauf hat der potentielle Arbeitgeber vielleicht (verständlicherweise) keine Lust."

Arbeitsmarkt

Die Arbeitslosenquote lag zuletzt bei etwas über 5%. Gleich auf der Startseite der Einwanderungsbehörde steht der „Skill Shortage List (LTSSL) Checker", der Auskunft über grade gefragte Berufsgruppen gibt. Er unterteilt sich in „langfristige" und eine „sofortige" Bedarfsliste, also eine, wo es geradezu brennt:
Nur wer dazugehört, hätte überhaupt Aussichten auf eine Einwanderung.

Stets gesuchte Berufsgruppen sind immer IT-Fachleute, alle erdenklichen Arten von Ingenieuren und technischen Berufsgruppen, Ärzte und

allerlei medizinisches Fachpersonal, Verwaltungsleute und Personen aus der Landwirtschaft.
Insgesamt hat sich der Arbeitsmarkt gegenüber den letzten miesen Jahren gut erholt und gut konsolidiert. Grade das Baugewerbe, die Gastronomie und Tourismusbranche legen weiter zu.

Working Holiday-Visum

Während Deutschen mittlerweile ein unbegrenztes Kontingent an WHV offensteht - 9000 von ihnen kommen tatsächlich jedes Jahr - sind ihre deutschsprachigen Nachbarn von dieser Art Visum bisher noch ausgeschlossen.
Für *Österreicher* existiert nur ein sehr beschränktes Programm, denn nur hundert Visa jährlich sind beim Working Holiday Scheme (nur sechs Monate) zu ergattern. Im April oder Mai ist Startschuss, und fix sind sie weg.

Näheres immer so: Bei https://www.immigration.govt.nz > Work, > Nationality, > dann das aufs Land bezogene Working Holiday Visum

Bedingungen: Mindestalter 18 Jahre, nicht über 30 Jahre zum Zeitpunkt der Beantragung. Vorzuweisen sind als finanzielle Absicherung für mindestens NZ$ 4260, die durch einen Bankauszug belegt werden können. Ferner ist eine Auslandsreiseversicherung über den gesamten Zeitraum der Reise nötig. Antrag und Kosten: Ausschließlich online, Bearbeitungsgebühr ca. NZ$ 210 (ca. 130€), und per Kreditkarte zu begleichen.

Für *Schweizer* gilt dieses Programm nicht. Beide, Österreicher und Schweizer, hätten jedoch die Möglichkeit, ein Studentenvisum zu beantragen und eingeschränkt zu arbeiten (etwa 20 Stunden die Woche, in den Semesterferien auch Vollzeit). Zur Bewerbung um das Studentenvisum hätte man sich allerdings an einer Universität einzuschreiben, was nicht gerade billig ist. Im Ganzen also zu dem Zweck eher eine wirklichkeitsfremde Lösung. Tatsächlich studieren allerdings 4000 Deutsche in Neuseeland.
Realistischer wäre eine Anmeldung an einer Sprachschule. Wer einen Vollzeitkurs in einer „Kategorie 1“-Schule belegt hat, darf nebenher bis zu zwanzig Wochenstunden arbeiten.

Wwoofen

Aufgepasst: Anders als in Australien, wo man mit einem Touristenvisum auf Biobetrieben mitanpacken darf, ist das in Neuseeland nur mit WH-Visum gestattet.

Für Österreicher ist die neuseeländische Botschaft in Berlin zuständig, T. 030 2065 3900, nzembber@infoem.org. Schweizer wenden sich an das Konsulat in Genf:

New Zealand Consulate General, Visa Section, PO Box 334, CH-1211 Geneva 19, T. 0041 22 929 03 50, F. 0041 22 929 0377, mission.nz@bluewin.ch

Voraussetzungen

Auch nicht jeder Deutsche erhält das begehrte Visum ohne Weiteres. Nötige Voraussetzungen:

- Alter zwischen 18 und 30 Jahren bei Beantragung des Visums. Der letztmögliche Termin ist also der Tag vor dem 31. Geburtstag. Man sollte sich aber nicht unbedingt bis zur letzten Minute Zeit lassen – neben der Zeitverschiebung, die es zu beachten gilt, kann es ja immer mal wieder zu Internetausfällen kommen
- Der Antragsteller darf nicht von Kindern begleitet werden, die auf finanzielle Unterstützung angewiesen sind
- Es müssen genügend finanzielle Rücklagen zur Verfügung stehen (derzeit mind. 4200 NZ$, oder ein Rückflugticket), was bei der Einreise durch einen Kontoauszug nachgewiesen werden kann
- Es dürfen weder physische noch psychische Krankheit vorliegen; ferner muss ein ausreichender Versicherungsschutz bestehen
- Hauptzweck des Besuchs sollte das Reisen sein; Arbeiten sollte lediglich an zweiter Stelle stehen
- Es muss sich um den ersten WHV-Antrag handeln

Antragstellung

Der Antrag ist online über die erwähnte Webseite der neuseeländischen Immigrationsbehörde, *New Zealand Immigration Service,* abzuwickeln www.immigration.govt.nz.

Derzeit wird eine Gebühr von ca. 80 € erhoben, die ausschließlich per Kreditkarte (Visa oder Mastercard) beglichen werden kann. Wer sich nicht online bewerben möchte, wendet sich an die zuständige Botschaft in Berlin (T. 030 2065 3900, www.nzembassy.com/germany) oder lädt sich den Antrag herunter und sendet ihn ausgefüllt an die Botschaft, gemeinsam mit einem Passbild, einem Nachweis über genügend finanzielle Rücklagen, etc. Weitere Details und Anforderungen sind dem Antragsformular zu entnehmen.
Die „Ausstellung“ des Visums erfolgt i.d.R. elektronisch, also per Mail. Es gibt also weder Stempel noch Aufkleber im Pass. Das Visum ist elektronisch bei der Einreisebehörde DIAC gespeichert; die Identifikation bei der Einreise erfolgt über Scannen des Reisepasses.

Gültigkeit

Wurde das Visum erst einmal genehmigt, so hat man bis zur Einreise nach Neuseeland genau ein Jahr Zeit. Erst vom Tag der Einreise ab beginnen dann die zwölf Monate des Working Holiday-Jahres abzulaufen.

Verlängerung

Im Gegensatz zu Australien lässt sich kein zweites WHV für Neuseeland beantragen – allerdings ist der Aufenthalt um drei Monate verlängerbar. Das erfolgt online in Neuseeland selbst, kostet eine Gebühr von derzeit 208 NZ$ und nennt sich dann "Working Holiday-Maker Extension Permit". Mit einer dreiwöchigen Bearbeitungszeit ist zu rechnen. Nicht gut auf dem letzten Drücker also. Näheres auf *www.immigration.govt.nz.*
Voraussetzung dafür ist der Nachweis, dass man mindestens drei Monate auf dem Land gearbeitet hat, also z.B. in Weinbau- oder Gartenbetrieben. Dazu ist es wichtig, alle Arbeitsnachweise sorgfältig zu sammeln.

Auswandern

Und wenn einem das Leben in Neuseeland so gut gefällt, dass man ganz bleiben möchte? – Eins vorweg: Einfach ist es nicht. Wer keinen der gefragten Berufe ausübt, die sich auf den Skill Shortage-Listen (Essential

Skills In Demand) befinden, hat schlechte Karten. Diese Aufstellungen listen alle Berufszweige mit Bedarf an Arbeitskräften auf. Zu unterscheiden ist zwischen der Long Term Skill Shortage List (LTSSL) und der Immediate Skill Shortage List (ISSL). Über ein ausgeklügeltes System (Skilled Migrant Category) erhält man je nach Ausbildung, Berufserfahrung, Alter und Jobmöglichkeiten eine bestimmte Anzahl von Punkten, die dann entscheidet, ob dem Visumsantrag stattgegeben wird.

Zwei aktuelle Listen sind auf *www.immigration.govt.nz* herunterladbar. Hier findet man auch Details, Anforderungen und Einschränkungen – so sind bestimmte Berufsanfragen z.B. an einzelne Regionen gebunden.

ISSL
http://skillshortages.immigration.govt.nz/immediate-skill-shortage-list.pdf
LTSSL
http://skillshortages.immigration.govt.nz/long-term-skill-shortage-list.pdf

So geht es augenblicklich los (kurzfristig):
Apiarist, Arborist, Beef Cattle Farmer, (Farm Manager, Winemaker, Construction, Project Manager, Horse Trainer, Horse Trainer, Bricklayer, Metal Casting, Trades Worker …

Langfristig:
Forest Scientist, Construction Project, Manager, Project Builder, Engineer, Anaesthetist, Clinical Psychologis …

Eine, die es tatsächlich geschafft hat und die drei Jahre, nachdem sie ihren Work and Travel-Aufenthalt in Neuseeland begonnen hatte, immer noch im Land lebt und arbeitet, ist *Nicole*:

„Eigentlich ist es einem als Backpacker mit dem Work&Travel-Visum ja nur erlaubt, ein Jahr hier zu reisen und zu arbeiten; danach hat man entweder auszureisen oder sich um ein neues "permit" zu kümmern, ansonsten wäre man illegal im Land, und dann wird's ungemütlich.
Da ich meinen – neuseeländischen – Freund hier kennengelernt habe, wollte ich länger bleiben und nicht wieder heimreisen. Somit musste ich in Erfahrung bringen, was es noch für Möglichkeiten gab. Ich ersuchte, mit der Unterstützung meines Freundes, um ein neues „Work Permit". Dabei musste ich vorweisen, dass ich entweder genug Geld oder einen festen Job hatte (keine Saisonarbeit!), und noch so ein paar Kleinigkeiten.

Mittlerweile habe ich schon mein drittes "permit" bekommen und jetzt auch meine lebenslange Aufenthaltsgenehmigung beantragt. Es wäre schön, wenn ich sie bekäme, da ich dann nicht jedes Jahr aufs Neue eine Verlängerung beantragen müsste …“

Kritik am Working Holiday-Wesen

Was ist der Grund dafür, tausende junger Leute ins Land zu lassen, um zu jobben, meist bei Tätigkeiten, welche die Einheimischen nicht unbedingt erledigen wollen?

Die Einwanderungsbehörde steuert demographischen "Fehlentwicklungen" ("problematischen" Entwicklungen wäre wohl passender) wie sie Europa kennt, frühzeitig entgegen, indem das Land vornehmlich junge, gutausgebildete Einwanderer anlockt. Also am liebsten solche zwischen zwanzig und dreißig Jahren, die eine Ausbildung genossen haben oder im Studium stecken und von denen angenommen wird, dass ein guter Teil davon später einwandern möchte. Nebenaspekt: Die Versorgung des Niedriglohnsektors bei Tätigkeiten, welche die Einheimischen nicht machen wollen. Das alles garniert mit der Illusion, das WH bedeute ein ungebundenes, angenehmes Leben in der „Natur“ usw. Würden die WH-Reisenden dieselben Tätigkeiten hierzulande, in Österreich oder Frankreich machen, so würden viele vermutlich „Nein, danke“ sagen.

Bei anderen Einwanderungswilligen werden strenge Anforderungen gestellt, die sich nach den Anforderungen der Wirtschaft richten. Qualifizierte Migranten gleichen eine schrumpfende Arbeitnehmerschaft und alternde Bevölkerung aus, was natürlich ungleich billiger kommt, als selbst in Bildung und Ausbildung investieren zu müssen.

Derart ziehen Neuseeland, Australien, Kanada und auch die USA ausgebildete Leute und junge Wissenschaftler und somit eine Menge Geld aus anderen Ländern ab, z.B. aus Europa, lösen somit ihren Fachkräftemangel durch selektive Einwanderungspolitik, damit die Wirtschaft wachsen kann, und ersparen sich die Bildungskosten. Diese Länder – alle reich – lassen sich ihr Wachstum also teils durch andere bezahlen.

Wachstum auf Teufel komm raus ist das Credo der kapitalistischen Wirtschaft, denn ohne würde es zusammenbrechen. Dazu gehört auch das Bevölkerungswachstum. Bei sinkender Bevölkerung, wie vor kurzem noch bei uns, sinken z.B. tendenziell die Mieten und die Immobilienpreise, was sich direkt auf die Immobilienwirtschaft auswirken würde aber z.B. auch auf Pensionskassen, die in Immo-Fonds investiert hätten und die in Schwierigkeiten geraten könnten. Wie jeder bemerkt haben wird, führte die Zuwanderungspolitik der Bundesregierung zu einer drastischen Erhöhung der Mieten, so dass es sich heute jeder dreimal überlegt, ob ein Umzug nun wirklich nötig sei.

Alles Wachstum bedeutet allerdings vermehrten Konsum, also gesteigerten Ressourcenverbrauch. Konkret: Löcher in die Erde buddeln, Bodenschätze heben, Wälder zerstören, Bevölkerungen vertreiben, Lebensraum von Flora und Fauna einengen oder zerstören, Ackerland betonieren und der ganze Rattenschwanz an Folgen. Ein „Wachstum“, das uns bekanntlich in die Hölle führt.
Dieses Absaugen qualifizierter Leute schadet natürlich solchen Ländern besonders, die eh arm sind und wenig Kapital an ausgebildeten Leuten haben, wie viele asiatische Länder. Ein Riesenverlust dort, wo immer Krankenschwestern, Ärzte, Techniker und Ingenieure Adieu sagen.

Beispiel: Allein die fachliche Ausbildung eines jungen Arztes wird hierzulande mit rund 300.000 Euro veranschlagt. Dazuzurechnen sind aber weitere öffentliche Gelder, die der Knabe bzw. seine Eltern direkt oder indirekt empfangen haben: Kindergeld, Steuererleichterungen, Subventionen von Kindergarten, Sportverein, die wiederum von öffentlicher Hand unterstützte Schülerkarte des ÖPV oder des kommunalen Schwimmbads, die Schule usw.
Der Gute dürfte mit 32 Jahren, also bei Beginn der Berufstätigkeit und somit allmählicher Rückzahlung, dessen, was er gesellschaftlich empfangen hat, mit Zins und Zinseszins rund ein halbe Million Euro wert sein.

Irland z.B. verlor nach der sogenannten „Finanzkrise“ z.B. binnen eines Jahres, zwischen April 2010 und 2011, rund 40.000 ausgebildete Leute durch Auswanderung, die meisten an Australien, Neuseeland und Kanada. Angesichts der viereinhalb Millionen Einwohner ist das gewaltig und würde auf Deutschland bezogen knapp 800.000 Menschen bedeuten. Das kann kein Land lange aushalten.
Die Einwanderungspolitik hat also teils verheerende Auswirkungen auf die Herkunftsländer, da dadurch dort Fachkräfte fehlen, insbesondere solche aus medizinischen und technischen Berufen, und ihre Entwicklung gebremst wird. Eine hochprofitable Wilderei, die da betrieben wird.

Boomt die einheimische Wirtschaft, so werden die Pforten geöffnet; die Einwanderer dürfen zum Reichtum des Landes beitragen, hustet sie, so werden sie verrammelt, so dass die Arbeitslosigkeit bei einem stabilen Niveau weit unter den zehn Prozent bleibt und keinerlei Sozialkosten in den WH-Ländern anfallen. Diese verbleiben bei den Entsenderländern.

Der australische Volkswirtschaftler Frank Stilwell, Professor an der Uni Sydney, verteidigt die regulierte Einwanderungspolitik als Teil der Kultur der WH-Länder: "So lässt sich die stets schwankende Nachfrage nach qualifizierten Arbeitnehmern schnellstmöglich befriedigen. Es ist nun mal einfacher, die nötigen Leute zu importieren, als langfristig in Bildung und Ausbildung zu investieren."

Das erklärt natürlich auch die stets wechselnden Berufsspartenlisten, nach denen Interessen ausgewählt werden. Die Punktetabellen ermitteln, ob der Einwanderer über die erforderlichen Qualifikationen verfügt. Neuseeland nimmt jährlich rund 45 000 Einwanderer auf, alles qualifizierte Leute mit jeweils wechselnder aber stets gefragter beruflicher Ausbildung, Erfahrung sowie Sprachkenntnissen, welche die Herkunftsländer bezahlt haben. Vor allem auch immer eine Berufsgruppe: Mediziner und Leute aus dem Gesundheitswesen.

Weiterer Vorteil: Wer mit dem WH-Visum ein oder zwei Jahre unterwegs war, kennt Land und Leute. Bei einer Einwanderung, z.B. nach dem Studium, ist keine Eingewöhnung mehr nötig; ein Scheitern ist unwahrscheinlich. Die ex-WH-Reisenden haben oft mehr vom Land gesehen als die Einheimischen. Wer es schlau anfängt, hat gleich während des WHs die entsprechenden Kontakte geknüpft und seinen Job bereits in der Tasche.

Das ist der tiefe Sinn des Working Holiday Visum, im Grunde eine höchst unsoziale Angelegenheit.

Fromme Merkelsche Qualifikationen, um Kost und Logis zu erhalten, die darin bestünden, ein Boot zu besteigen und sich retten zu lassen, ist bei den genannten Ländern unvorstellbar. Dabei gilt keines als „undemokratisch“. Sie verfolgen einfach strikt ihre wirtschaftlichen Interessen. Alle sind „Inseln“, und somit in „Sicherheit“, selbst England ist das und hat dafür votiert, auch eine bleiben zu wollen. Niemand kann dort über Grenzzäune hüpfen.

Übrigens: Die Regierung hat´s in letzter Zeit beim Einwandererimport übertrieben. Lange Zeit leugnete sie den Zusammenhang von steigender Wohnungsnot – insbesondere in Auckland – und den besonders seit 2012 vermeldeten Rekordmeldungen aus dem Einwanderungsministerium, die viele Neuseeländer mittlerweile für Hiobsbotschaften halten. Wegen fallender Umfragewerte und anstehenden Wahlen wurden nun die Auswahlkriterien für einwandernde Fachkräfte erschwert. Angesetzt wird der Hebel z.B. bei den Sprachkenntnissen, was auch Auswirkungen auf die demographische Durchmischung haben dürfte.

Erfahrungsbericht Mara Schneider

Von ihrem neuen Leben am anderen Ende der Welt berichtet auch *Mara*:

„Seit ich denken kann, wollte ich Journalistin werden. Ich wollte schreiben, Leute interviewen, Orte besuchen, die man als „Normalo“ nicht zu sehen bekommt. Dafür habe ich jahrelang hart gearbeitet, war Mitglied von Schüler- und später Abiturzeitung, habe Praktika gemacht und als freie Mitarbeiterin unsere lokale Zeitung mit kleinen Geschichten versorgt. Dass ich nach dem Abi Journalistik studierte, stand außer Frage. Vier Jahre und einige weitere Praktika später hatte ich meinen ersten Job in der Tasche.

Ein Lebenslauf, wie er im Buche steht. Erfolgreich, zielstrebig, Kindheitstraum verwirklicht. Mit 27 Jahren stand ich genau da, wo ich immer sein wollte. Ich arbeitete als Journalistin für ein bundesweites Nachrichtenportal. Ich sprach mit Leuten, zu denen ein Großteil der Bevölkerung nie Zugang bekommen wird. Ich ging kostenlos zu großen Veranstaltungen, um darüber zu berichten.

Leider wacht man aus jedem Traum irgendwann auch wieder auf. Ja, ich schrieb. Aber ich hatte nicht immer die freie Wahl, worüber ich schrieb. Wochenenden? Existierten meist nur in meiner Fantasie. Hobbys? Ich war froh, wenn ich hin und wieder eine Verabredung mit Freunden einhalten konnte. Ständiger Leistungsdruck, Konkurrenzkampf und ein immer schlechter werdendes Arbeitsklima trugen dazu bei, dass ich schließlich kurz vor einem Burn-Out stand.

Also zog ich die Reißleine. Meine zweite Leidenschaft neben dem Journalismus war seit jeher das Reisen. Irgendwo in meiner Brust schlägt das Herz eines Zigeuners, das mich immer wieder in die Ferne zieht. Und kurz vor meinem 28. Geburtstag schlug es ganz besonders heftig.

Ich habe nicht wirklich bewusst mit dem Gedanken gespielt, vorübergehend auszuwandern. Aber ehe ich mich versah, hatte ich mir ein Working

Holiday-Visum für Neuseeland besorgt, meinen Flug gebucht, Wohnung und Job gekündigt. Alles lief so glatt, es war wie eine Bestimmung. Die Reaktionen meiner Mitmenschen reichten von Bewunderung und Neid bis hin zu „Du bist doch völlig verrückt!"

Ja, ich schätze das war ich. Warum sonst gibt jemand, der mitten im Leben steht und offensichtlich alles hat – eine tolle Wohnung, einen festen Job (unbefristeter Arbeitsvertrag!), ein Auto, Freunde – all das auf? Meine Antwort war leicht: Es hat mich nicht glücklich gemacht. Doch je näher mein Abflug rückte, mit jedem Möbelstück, das ich verkaufte, um Flug, Versicherung und Visum zu zahlen, spürte ich meine Lebensgeister zurückkehren.

Neuseeland, das war für mich zu diesem Zeitpunkt vor allem eins – ein Ort, an dem ich wieder zu mir selbst finden konnte. Ich hoffte, fernab vom hektischen Deutschland von vorn anfangen zu können.

Ich hatte mich entschieden, mit Hilfe des WHV als Au Pair zu arbeiten. Mit Ende 20 wohl ebenfalls etwas ungewöhnlich, aber immerhin brachte ich nach jahrelanger Arbeit in Kinderferienlagern reichlich Erfahrung mit. So war eine passende Familie auch schnell gefunden. Ich hatte mein Profil bei einigen kostenlosen Au-Pair-Portalen im Internet eingestellt und über Nacht bereits einige Anfragen erhalten. Zwei Familien rückten in meine engere Wahl, und nach einem langen Skype-Telefonat erhielten die Rockells den Zuschlag.

Mitte Juli war es soweit. An einem sonnigen Wintertag landete ich in Whangarei, der letzten größeren Stadt im Norden Neuseelands, und wurde herzlich von meiner Gastfamilie in die Arme geschlossen. Für die kommenden Monate sollte ich mich um die beiden vier- und sechsjährigen Kinder kümmern, während beide Elternteile tagsüber im Familienbetrieb – einer Rinderfarm – arbeiteten.

Krasser hätte der Gegensatz zu meinem bisherigen Leben nicht ausfallen können. Plötzlich hatte ich einen geregelten Tagesablauf! Morgens halb sieben aufstehen, die Kinder wecken und fertig für Schule und Kindergarten machen. Neben dem Hin- und Herfahren gehörte leichte Hausarbeit zu meinen Aufgaben, nachmittags die Kinder beschäftigen und ab und zu Abendbrot kochen, wenn die Eltern länger arbeiten mussten.

Mit meiner vielen Freizeit, die ich auf einmal hatte – Wochenenden waren grundsätzlich frei – musste ich erst einmal klarkommen. Das war ich überhaupt nicht mehr gewohnt. Ich glaube, in den ersten Wochen habe ich vor allem gelernt, mal wieder so richtig zu entspannen. Nichts zu tun. Einfach mal das Leben zu genießen. In dieser Hinsicht war meine Entscheidung zu dieser Auszeit ein voller Erfolg.

Außerdem haben sich mir völlig neue Perspektiven eröffnet. Quasi rund um die Uhr mit Kindern zu arbeiten, hat mir so viel Freude bereitet, dass ich einen neuen Karriereweg einschlagen und Kinderpflegerin werden möchte. So gesehen war das Working Holiday Visa für mich der erste Schritt zu einem Neuanfang.

Meine Au-Pair-Beschäftigung fand leider ein frühzeitiges Ende, weil sich die Umstände in meiner Gastfamilie geändert haben. Es tat mir richtig weh, „goodbye“ zu sagen. Aber wir sind weiterhin in Kontakt, sehen uns regelmäßig und es gibt kaum etwas Schöneres als freudestrahlende Kinderaugen, eine herzliche Umarmung und die ehrlich gemeinten Worte „I missed you“ bei jedem Wiedersehen. Die Rockells sind und bleiben meine neuseeländische Familie, der ich viel zu verdanken habe bei meinem Neustart am anderen Ende der Welt.“

Work & Travel Veranstalter

Es besteht auch die Möglichkeit, seinen Aufenthalt über eine Organisation und deren „Work and Travel“-Programm zu planen. Dies kann einige Vorteile mit sich bringen, da man oftmals angesichts der herannahenden Herausforderung nicht so recht über die notwendige Vorgehensweise Bescheid weiß. In manchen Fällen hat der Reisewillige auch einfach keine Zeit oder keinen Kopf, sich selbständig um die Reiseplanung zu kümmern. Es kommen viele Fragen auf, Knie beginnen zu schlackern, der eigene Mut wird angezweifelt. Die Teilnahme an einem Programm dient vor allem der Beruhigung der Nerven und der Beantwortung noch offener Fragen.

Ein Work & Travel-Anbieter leitet alle notwendigen Schritte ein, sorgt dafür, dass alle Unterlagen stimmen ... – und man auch seinen Schlafsack nicht vergisst. Auch vor Ort in Neuseeland hat der Teilnehmer eine Anlaufstelle und bekommt Hilfestellung bei allen wesentlichen Dingen und eine Telefonnummer bei Notfällen.

Die Webseiten geben einen guten Überblick über die genauen Pakete. Alle Anbieter schicken auch gerne Broschüren zu.

Genereller Ablauf

Nach der Anmeldung bei einem Veranstalter folgen genaue Anweisungen über die weitere Vorgehensweise, größtenteils dieselbe wie bei einer selbständigen Visumsbeantragung bei der Botschaft. Allerdings werden Serviceleistungen garantiert, die v.a. in der Vorbereitungszeit und in der Anfangszeit in Neuseeland ziemlich nützlich sein können.
Oft werden noch bei uns Einführungsveranstaltungen durchgeführt, die jeder Teilnehmer besuchen kann. Ferner erhalten alle ein Work and Travel-Handbuch und andere Broschüren zum Visumsverfahren, zur Landeskunde, Arbeitsmöglichkeiten und zur Stellensuche. In Neuseeland werden die Programmteilnehmer von einem Partner betreut. Die ersten zwei Nächte in einem zentral gelegenen Hostel bucht und begleicht der Veranstalter. Ein Einführungskurs informiert über alle Eventualitäten, von der Jobsuche bis hin zur „besten“ Pizza in der Stadt. In den Büros können Teilnehmer kostenlos Computer und Internet nutzen; sie werden mit Informationsmaterial versorgt und erhalten Hilfestellung bei Jobsuche, Bewerbungsschreiben, Kontoeröffnung, Beantragung der Steuernummer, Wohnungssuche etc. Daneben werden auch noch Freizeitaktivitäten und ähnliches angeboten.

Man sollte sich immer vor Augen halten, dass die Serviceleistungen der Organisation eigentlich nur zu Beginn des Aufenthalts genutzt werden und v.a. zur Vermeidung möglicher Anfangsschwierigkeiten dienen. Weder werden Jobs vermittelt noch Bankkonten eröffnet, sondern es wird Hilfe zur Selbsthilfe gegeben. Da viele Vermittler nur einen Sitz in Neuseeland haben, wird der WH-Aufenthalt auch dort beginnen. Viele Teilnehmer nutzen den Jobworkshop in ihrer Ankunftsstadt, ziehen jedoch gleich weiter, wo sie dann auf sich alleine gestellt sind. Und da merken die meisten: Das geht auch!

Die Hauptleistung der Anbieter besteht aus ausführlicher Informationsvergabe. Zudem sollte nicht vergessen werden, dass man nicht alleine sein wird und es jede Menge Menschen (Hostelbekanntschaften) und Anlaufstellen vor Ort geben wird, die einen bereitwillig mit Tipps und dem nötigen Know-How überhäufen werden.
Trotzdem muss natürlich jeder für sich selbst entscheiden, welche Form der Reise die richtige ist. Was für den einen gut ist, schadet dem andern, so dass hier keine generellen Urteile geliefert werden. Hier eine kleine Übersicht, um die Vorteile der beiden Reiseformen aufzuzeigen.

Pro Organisation	Pro Individuelles Planen
Ausführliche Beratung	Die Reise kann jedem beliebigen Ort beginnen
Übernahme eines Teils d. Organisieren	Meist etwas günstiger
Beruhigende Wirkung – v.a. in der Vorbereitungs- und Anfangszeit	Unabhängigkeit führt zu selbständigem Handeln
Treffen vieler Gleichgesinnter	"echter Backpacker"

Das sagt Carolina Klein nach ihrem Working-Holiday-Aufenthalt dazu: „Eine Frage, die jeden künftigen Backpacker bei der Planung beschäftigt, lautet: Wie organisiere ich meine Reise am besten? Lasse ich mich vorab und auch vor Ort von einem professionellen Anbieter betreuen, oder bereite ich mein großes Abenteuer eigenständig vor und stelle mich auch in Neuseeland allen Herausforderungen alleine?
Ich habe nach vielfältigen Überlegungen letztere Variante gewählt und habe diese Entscheidung keine Sekunde bereut. Die Beschaffung des Visums, die Buchung der Krankenversicherung, die Beantragung der Steuernummer in Neuseeland, all diese Dinge lassen sich problemlos noch von zuhause aus organisieren. Durch Eigeninitiative kann man eine Menge Geld sparen, darüber hinaus steigert die eigene Vorbereitung die Vorfreude auf die bevorstehende Reise und gibt einen Vorgeschmack auf die zu erwartende Freiheit und Eigenständigkeit."

Adressen

Hier einige bekannte Anbieter:
AIFS, www.aifs.de

CollegeCouncil, www.college-council.de

GLS, www.gls-sprachenzentrum.de

iST, www.ist-workandtravel.de/neuseeland/

MultiKultur, www.multikultur.info

Praktikawelten, www.praktikawelten.de

Southern Cross, http://www.southerncross.eu

STA Travel, www.statravel.de

Stepin, www.stepin.de/work-travel/

TravelWorks, www.travelworks.de

Erfahrungsbericht Nicole Frank

Nicole, die eine Weile ihren Alltag verlassen und auf Entdeckungstour gehen wollte, befindet: "New Zealand – a great place to live!".

„Nach einigem Überlegen schien mir Work & Travel das Richtige zu sein. Die Wahl fiel auf Neuseeland. Ich buchte meine ganze Reise über eine Organisation, die mir alles erklärten, mir halfen, mein Visum zu beantragen, und alles, was dazu gehört. Denn so ganz ohne Hilfe weiß man ja nicht immer, was man genau zu tun, was zu organisieren und was sonst noch wichtig ist. Anfangs glaubte ich noch, mir das Geld auch locker ersparen zu können, aber im Nachhinein muss ich sagen, dass ich sehr zufrieden mit der ganzen Hilfe war. Ich würde es wieder machen. Wer zum ersten Mal alleingestellt lange Zeit ins Ausland gehen möchte, sollte hier also auf Nummer Sicher gehen, denn es ist keinesfalls rausgeschmissenes Geld!"

„Die Anfangszeit in Neuseeland war überwältigend. Ich fühlte mich auch sehr alleine; kannte niemanden und wusste erstmal nichts mit mir anzufangen ... – einfach schrecklich. Nach ungefähr 4-5 Stunden Hostelsuche und Stadterkundungen lernte ich dann doch schon die ersten Leute in meiner neuen Unterkunft kennen. Hostels sind also nicht nur billige Schlafgelegenheiten, sondern ausgezeichnete Kontaktpunkte umd Informationsquellen. Man lernt dort immer wieder Menschen von überall auf der Welt kennen, einfach genial.

Sprachlich bestanden anfangs Probleme: Mein Englisch war nicht gerade gut – ich würde sagen, es war sogar recht dürftig! Ich konnte mich nur über das Nötigste unterhalten und mied jegliches Gespräch. Das änderte sich aber schnell. Mir war es egal, dass ich diese Sprachbarriere hatte, da es irgendwie ja immer geht – und tatsächlich funktionierte es auch. Mittlerweile ist alles anders; ich kann ziemlich gut Englisch sprechen, Smalltalk halten und andere auf Anhieb verstehen. Ich habe keinerlei Probleme mehr, mich zu unterhalten, auch wenn ich trotz allem noch nicht perfekt spreche. Also ihr da draußen, habt keine Angst und scheut euch nicht vor der Sprache!"

Ihre Reise durch das Land hat Nicole als eine schöne Zeit in Erinnerung, in der sie viel gesehen und Neuseeland gut kennengelernt hat.

„In meiner eigenen Entwicklung habe ich mich auch verändert, wie mir Familie und Freunde des Öfteren bestätigen. Man kann bei einem solchen Schritt eine Menge dazulernen, vor allem, wenn man ihn alleine geht. Man lernt, auf andere zuzugehen und sie und ihre Lebensart und Kultur näher kennenzulernen.“

Die Zeit verging wie im Fluge. Sie raste geradezu. Durch die vielen Bekanntschaften, das Herumreisen, die beeindruckenden Sehenswürdigkeiten und die Jobs, die man hier und da ausübt, merkt man gar nicht, dass schon wieder so viele Monate herum sind. Mittlerweile lebe ich schon über zwei Jahre hier im wundervollen Neuseeland und kann mein Glück kaum fassen, dass meine NZ-Geschichte noch nicht beendet ist.

Mein Fazit: Dieses Land ist einfach nur ein Traum – wer nicht hier war, der hat was verpasst. Man kann leider nicht immer alles so in Worte fassen, ihr müsst es einfach mit euren eigenen Augen gesehen haben und selbst alles entdecken und erleben. Traut euch raus, egal, ob alleine oder mit jemandem zusammen, seid reiselustig und erkundet die Welt! Kommt nach Neuseeland, dem schönen Fleckchen Erde auf der anderen Seite der Welt. Ich garantiere euch eine tolle und aufregende Zeit, die ihr auf keinen Fall bereuen werdet.“

Vor der Reise

Zur Beruhigung: Es ist kein Ding der Unmöglichkeit, sich auch ohne fremde Hilfe auf seinen Working Holiday-Aufenthalt vorzubereiten, da die abzuarbeitenden Punkte gar nicht einmal so viele sind. Neuseeland liegt zwar auf der anderen Seite der Erde; das Leben dort gestaltet sich jedoch beinahe unwesentlich anders als zu Hause auch. Lebensmittel gibt's im Supermarkt, Medikamente in der Apotheke und die Menschen leben größtenteils in Häusern.

Trotzdem ist eine gute Vorbereitung natürlich vonnöten, und gewisse Dinge sind rechtzeitig von zu Hause aus in die Wege zu leiten.

Alleine oder zu zweit?

Viele, die im Freundeskreis keine Mitstreiter finden, suchen sich in sozialen Netzwerken einen Reisepartner – schließlich ist es um einiges schöner, gemeinsam das Land zu erkunden. Außer auf Facebook- oder ähnlichen Seiten wird man auch bei den folgenden Portalen fündig:

- www.mitreisen.org
- www.globetrotter.org
- www.joinmytrip.de
- www.reisepartner-gesucht.de/reisepartner/
- www.travelark.de
- www.wer-reist-mit.de

Jedoch: Alleine loszufahren bedeutet keineswegs, auch alleine zu bleiben. Viele Alleinreisende sind unterwegs, die man beim Trampen, in Nationalparks, beim Kiwipflücken und Kellnern, vor allem aber in Hostels trifft. Das Alleinreisen hat viele Vorteile, allem voran natürlich die Unabhängigkeit (wer sich damit noch schwertut, erlernt sie also spätestens jetzt!).

Andreas Otto zieht folgendes Fazit:
„Allgemein kann ich sagen, dass ich in Neuseeland ein ständig wechselndes Gefühls- und Stimmungshoch und -tief hatte, was einem nach einiger Zeit schon zu schaffen machte. Es gab Tage, die so toll sind, dass man den ganzen Tag vor Glück springen könnte. An anderen Tagen möchte man am liebsten nach Hause fliegen oder gar noch andere schlimme Dinge mit sich anstellen. Sicherlich macht auch das unstete Wetter einiges aus …
Auch der Kontakt und das Reisen mit so vielen Leuten aus allen möglichen Ländern ist äußerst interessant, kann aber auch verdammt anstrengend sein. Nervenstark wird man auf so einer Reise auf jeden Fall.
Es ist sicherlich ein Unterschied, ob man alleine reist, oder ob man zu zweit oder mit mehreren unterwegs ist. Ich finde es gut, dass ich meine Reise alleine unternommen habe, auch wenn ich mich manchmal einsam gefühlt hatte – aber nur so lernt man, wirklich eigenständig zu werden und überall auf der Welt zurechtzukommen. Nach meiner Reise war ich sicher: Du kannst jetzt überall hingehen und würdest überall klarkommen und Freunde finden. So etwas prägt einen für das ganze Leben!“

Kosten

Wieviel Geld bereits in der Vorbereitungsphase für einen WH-Urlaub ausgegeben wird, hängt natürlich auch davon ab, ob die Dienste einer Organisation in Anspruch genommen werden. Doch selbst ohne eine solche ist schon vor der Abreise ein gewisser Betrag vorzustrecken. Dazu zählen die Kosten für Hin- und Rückflug, Versicherung und Visumgebühr. Näheres zur Flugbuchung und Versicherung im nächsten Abschnitt.

Hier eine Übersicht:

- Hin- und Rückflug: ab 1100 Euro
- Versicherung: ca. 400-800 Euro für 12 Monate
- Visum: ca. 65 Euro

Diese Kosten sind bereits vor der Anreise hinzublättern. Wer noch keine Reiseausrüstung hat, muss noch die Ausgaben für Rucksack, Schlafsack, gutes Schuhwerk, evtl. Kochgeschirr und dergleichen einkalkulieren, was locker weitere 600 € bedeutet.

Zudem ist laut Visumsbestimmung genügend Geld als finanzielle Rücklage mitzunehmen. Derzeit sind das 4.200 NZ$. Der Nachweis ist z.B. über einen – möglichst von der Bank gestempelten – Kontoauszug zu erbringen.

Folgende Überlegungen sollten in die finanzielle Planung miteinbezogen werden: Der erste Monat dient v.a. der Orientierung. Es wird eine Weile dauern, bis die erste Beschäftigung gefunden ist. Selbst wenn binnen kurzem eine Arbeit an Land gezogen wird, dauert es mindestens zwei Wochen bis zum Erhalt des ersten Lohnschecks.

Ein Monat im Hostel, bevor man eine günstigere Variante wie ein WG-Zimmer gefunden hat, ist eine realistische Einschätzung. Allein wegen der vielen wertvollen Begegnungen, die man hier machen wird, lohnt sich die Zeit dort allemal. Wer sparsam unterwegs ist, kann die täglichen Ausgaben auf unter 50 € beschränken.

Man bedenke, dass v.a. das Leben in den Großstädten ziemlich teuer ist und hier "Geld ausgeben" die größte Freizeitbeschäftigung darstellt. Allein Lebensmittel sind um einiges teurer als in Deutschland. Billige Nischen lassen sich auch hier ausfindig machen. Dazu Näheres unter den Punkten „Sparen“ und „Essen“.

Außerdem sollte man im Hinterkopf behalten, dass man sich, wenn man schon mal da ist, bestimmt auch mal was gönnen möchte, z.B. Rafting, Bungyjumping, Tauchen etc.

Flugbuchung

Je schneller desto besser, denn je früher, desto billiger – so lautet bei der Flugbuchung die Devise. Zwar existieren Ausnahmen, und wahre Abenteurer mögen eventuell auf einen Last-Minute-Flug setzen, wobei sie sich im schlimmsten Fall auf einige Tage Wartezeit am Flughafen gefasst machen dürfen. Doch generell spart man am meisten, wenn man sich rechtzeitig um einen Flug bemüht. Komisch, gell?

Am einfachsten lässt sich das Flugticket über ein Reisebüro organisieren, da diese tatsächlich aus dem Wust der Angebote die günstigsten herauszupicken wissen. Die größten Kostenunterschiede ergeben sich durch die jeweilige Saison.

Änderungen bei der Reiseplanung sind eher die Regel als die Ausnahme, weshalb unbedingt zu beachten ist, dass die Flugdaten umbuchbar sind, da die wenigsten Reisenden von vornherein genau wissen, wie lange ihr Aufenthalt andauern wird. Die meisten Gesellschaften bieten diese Möglichkeit gegen Gebühr an. Bei manchen Flugtickets kann der Termin für den Rückflug auch offengelassen werden. Ansonsten verhält es sich in der Regel so, dass mindestens eine, meist zwei Umbuchungen pro Flug problemlos möglich sind.

Die Flugdaten sollten durch einen Anruf bei der jeweiligen Fluggesellschaft einen Tag vor Abflug noch einmal überprüft werden, da Änderungen möglich sind. Auch seinen Rückflug muss man wenigstens einen Tag vor Abflug bestätigen.

Die Flugpreise können von Anbieter zu Anbieter schwanken und sind auf den jeweiligen Internetseiten abrufbar.

Dieser Reiseveranstalter hat sich auf günstige Angebote spezialisiert:
STA Travel, Tel.: 069 743 032 92, www.statravel.de

Empfehlenswert ist auch *Emirates*, wo man – je nach Glück und Saison – auch mal unter 1000 € bezahlt: *www.emirates.com/de/german/*.

Auf *www.backpackerpack.de* kann man zu bestimmten Terminen gemeinsam mit anderen Backpackern ausreisen – profitiert also von den günstigen Gruppenrabatten, mit denen Organisationen locken. Es gibt

Varianten, zwischen denen es sich wählen lässt– je nachdem, ob Rückflugsdatum und -ort schon so gut wie feststehen, oder man die Wahl zu mehrmaligen Umbuchungen haben möchte.

Wer nicht nur Neuseeland, sondern – wenn schon, denn schon! – noch einen guten Teil der Welt sehen möchte, ist mit einem Round-The-World-Ticket (RTW) gut beraten. Je nach Anbieter und Preis lassen sich damit verschiedene Länder anfliegen, z.B. verschiedene Ziele in den USA oder Asien. Auf den folgenden Seiten wird eine Auswahl der Angebote präsentiert:

- www.aroundtheworldticket.de,
- www.roundtheworldflights.com,
- www.travel-overland.de/specials/roundtheworld/.

Versicherungen

Ohne Versicherung geht bekanntlich gar nichts. Es werden verschiedene Reiseversicherungspakete angeboten, die besonders auf den Work and Travel-Aufenthalt zugeschnitten sind. Die Preise für Versicherungspakete liegen zwischen 400 Euro bis 800 Euro für zwölf Monate, verrechnet wird monatlich.
Viele Versicherungen bieten an, den Versicherten einen weiteren Monat nach der Rückkehr ins Heimatland zu versichern. So bleibt genügend Zeit, sich um eine reguläre Versicherung zu kümmern.

Krankenversicherung

Die wichtigste Versicherung. Auch wenn man sich vorsieht – eine Krankheit oder einen Unfall kann jeden treffen, und unversehens ist mal ein Arzt aufzusuchen. In den letzten Jahren wurde bei der Einreise auch immer mal wieder per Stichprobe kontrolliert, ob man eine Auslandskrankenversicherung hat. Daher in jedem Fall eine Kopie ins Handgepäck stecken! Gute Gründe also, in jedem Fall eine Auslandskrankenversicherung abzuschließen.

Die gängigen Komplettpakete deutscher Versicherungsunternehmen kommen meist nicht in Frage, da sie sich i.d.R. auf höchstens 62 Tage beschränken.

Alle medizinischen Kosten, die durch Krankheit oder Verletzung entstehen, werden von der Versicherung übernommen. Darunter fallen Diagnose, Behandlung, Medikamente, Operation und Krankentransport. Man sollte darauf achten, dass die Krankenversicherung auch während der Arbeit greift, es sich also nicht um eine bloße Reisekrankenversicherung handelt. Die genauen Versicherungsleistungen fallen bei jedem Anbieter etwas unterschiedlich aus, also auf jeden Fall die Bedingungen genau durchlesen. Dies gilt vor allem für Extremsportler, die sich Abenteuer wie Heliskiing, Fallschirmspringen, Tauchen oder ähnliches auf ihrer To-do-Liste vermerkt haben, da die meisten Versicherungen für Behandlungskosten von Verletzungen aufgrund gefährlicher Sportarten nicht aufkommen. Hier empfiehlt sich eine Zusatzversicherung. Allerdings nützt die auch nicht wirklich was, wenn das Bungee-Seil zu lang war …

Viele Anbieter haben auch Rundumversicherungspakete im Programm, bei denen neben der Krankenversicherung auch noch Rechtsschutz, Unfall-, Haftpflicht- und Reisegepäckversicherung dabei ist.
Ein Angebot eines unabhängigen Anbieters über eine besonders auf Work&Traveller zugeschnittene Krankenversicherung gibt's über info@interconnections.de, Betreff: Versicherung.

Manche glauben, es könne von Vorteil sein, sich bei einem neuseeländischen Anbieter zu versichern, so dass Ansprechpartner im Ernstfall schnell und unkompliziert zu erreichen sind. Aber natürlich haben auch hiesige Anbieter ihre Partner in Neuseeland. Diesbezüglich gäbe es also keinen wirklichen Unterschied. Ein bekannter neuseeländischer Versicherer ist *Uni-Care, www.uni-care.org*.

Unfallversicherung

Die Reise-Unfallversicherung deckt Kosten, die durch Unfallverletzungen entstehen, z.B. Notfalltransporte, Bergungen, Krankenhausaufenthalte und die etwaige Rückführung ins Heimatland. Auch wenn's komisch klingt: Anstehende Kosten durch Invaliditäts- oder Todesfall werden ebenfalls übernommen.
Gegen Arbeitsunfälle ist man immer durch den Arbeitgeber versichert (natürlich nur, wenn nicht schwarzgearbeitet wird).

Haftpflichtversicherung

Versehentlich kann man Sachen Fremder beschädigen, unbrauchbar machen oder zerstören, so dass eine Haftpflichtversicherung sinnvoll ist. Bezahlt werden Schadenersatzansprüche Dritter bei Personen- und Sachschäden bis zu der vereinbarten Betragshöhe. Aber aufgepasst: die Liste der Ausschlüsse liest sich hier oft länger als die der Leistungen.

Reiserücktrittsversicherung

Natürlich hat man das nicht vor – und doch mag es vorkommen, dass die Reise aus gewichtigem Grund nicht angetreten werden kann. Die meisten Versicherungen greifen bei plötzlicher Krankheit oder Tod von direkten Familienangehörigen, nicht bestandenen Prüfungen, Verlust des Arbeitsplatzes und schwerwiegender Schädigung des Eigentums. In diesem Falle kommt die Versicherung für entstandene Kosten wie die des Fluges und bereits bezahlter Programmkosten auf. Doch auch hier ist ein Vergleich empfehlenswert, da die Leistungen der Anbieter häufig unterschiedlich ausfallen.

Reisegepäckversicherung

Bei Verlust, Beschädigung oder Diebstahl des Gepäcks während der Reise werden die Kosten je nach Vereinbarung ganz oder teilweise erstattet. Ergibt Sinn, wenn man mit teurer Ausrüstung unterwegs ist. Doch auch hier unbedingt genau erkundigen, da oftmals beispielsweise Laptop oder Fotoausrüstung nicht unbedingt mitversichert sind bzw. nur zu einem Bruchteil des Anschaffungswertes ersetzt werden.

Hilfreiche Dokumente

Einige Dokumente vereinfachen den Aufenthalt, z.B. der Internationale Führerschein, eine Kreditkarte oder der internationale Impfausweis, der gegen eine geringe Gebühr beim Hausarzt zu haben ist. Auch eine Kopie der Geburtsurkunde kann nicht schaden. Wer in der Kinderbetreuung arbeiten möchte, sollte sich ein Gesundheitszeugnis besorgen. Auch ein polizeiliches Führungszeugnis kann u.U. verlangt werden – bei den typi-

schen WH-Jobs aber eher nicht. Zwingend ist der Besitz solcher Dokumente eh nicht; dies gilt lediglich für den Reisepass.
Es empfiehlt sich, von allen wichtigen Dokumenten Kopien anzufertigen – am besten je zwei pro Dokument. Ein Satz davon bleibt dann bei einer Kontaktperson, der andere Satz geht mit auf Reisen. Wer ganz auf der sicheren Seite sein möchte, scannt die Dokumente ein und hinterlegt die Scans im E-Mail-Postfach, so dass unterwegs stets Zugriff darauf gewährt ist.

Internationaler Führerschein

Für alle, die vorhaben, ein Auto zu fahren, ist er Gold wert. Schließlich ist man damit viel unabhängiger bei der Erkundung des Landes als per Anhalter oder Bus.

Insgesamt zwölf Monate lang darf man per Gesetz mit einem gültigen nationalen oder am besten mit dem internationalen Führerschein im Land unterwegs sein. Ist der eigene Führerschein nicht auf Englisch, so ist eine Übersetzung mitzuführen. Es ist Pflicht, den Führerschein beim Fahren mitzuführen. Was auch sonst? Man beachte die poetische Ader des Verfassers …
Der Internationale Führerschein ist bei den Straßenverkehrsbehörden (Führerscheinstellen) erhältlich.
Benötigt werden bei der Beantragung:

- Ausweis oder Reisepass
- Biometrisches Passbild
- EU-Führerschein
- Gebühr von knapp 20 €

Sind all diese Unterlagen beieinander, so ist der IF sofort im Amt erhältlich.
Wer jedoch noch keinen EU-Führerschein besitzt, muss sich zunächst seinen rosafarbenen papiernen Führerschein in den neuen Führerschein im Scheckkartenformat umtauschen lassen, was zusätzlich eine Gebühr kostet und die Bearbeitungsdauer entsprechend verlängern kann. Aus diesen Gründen sollte der EU-Führerschein spätestens einen Monat vor der geplanten Abreise beantragt werden. Am besten sollten beide Führerscheine mitgeführt werden, wobei normalerweise der internationale ausreicht. Schlechte Fahrer verweisen darauf, dass der zweite immer noch

hervorgezogen werden könnte, wenn erster weg wäre … Sowas aber auch!

Internationaler Studentenausweis

Die International Student Identity Card (ISIC) ermöglicht ihrem Besitzer Vergünstigungen aller Art bei Busunternehmen, Reiseveranstaltern, Kinos, Hostels, Museen etc. Die ISIC wird auch bei der Suche nach einer Unterkunft in Studentenwohnheimen benötigt.
Ausgestellt wird der Ausweis von Studentenwerken und studentischen Reiseveranstaltern wie STA Travel; bei ISIC, www.isic.de, kann man sich über die diversen Ausgabestellen informieren.

Bei der Beantragung werden benötigt:

- Aktuelle Immatrikulationsbescheinigung oder Schülerausweis
- Pass, Personalausweis
- Passbild
- Ca. 18 €

Anmerkung: Der Ausweis gilt jeweils 16 Monate lang und zwar immer von September bis Dezember des Folgejahres. Wer also beispielsweise im Juli ohne Studentenstatus nach Neuseeland geht, im September des Vorjahres allerdings noch studiert hat oder zur Schule ging, der hat noch Anspruch auf die ISIC Karte.

Wer kein Student (mehr) ist, kann eine Alternativkarte bei ISIC bestellen: Die International Youth Travel Card (IYTC) für Jugendliche bis 26 Jahre, die ein Jahr ab Ausstellungsdatum gültig ist. Lehrende können dagegen die International Teacher / Professor Identity Card (ITIC) beantragen, sofern sie eine Vollzeitlehrstelle haben. Die ITIC ist vom 1. September bis 31. Dezember des Folgejahres gültig. Kosten jeweils knapp 20 €. Bezug über:
rds Reisedienst, Grindelallee 114, 20146 Hamburg, www.isic.de

Polizeiliches Führungszeugnis

Kann sich u.U. als nützlich erweisen, wenn man beispielsweise mit Kindern oder in bestimmten Berufen arbeiten möchte. Beantragt wird es auf dem Einwohnermeldeamt. Man zahlt derzeit 13 € und bekommt es dann nach Hause geschickt.

Zeugnisse

Wer während seines Aufenthalts eine Arbeitsstelle sucht, die seinem erlernten Beruf entspricht, sollte von diversen Zeugnissen wie Diplom, Arbeitszeugnis, Gesellenbrief o.Ä. beglaubigte Übersetzungen fertigen lassen. Berechtigt ist hierzu ein staatlich zugelassener Übersetzer, was natürlich auch eine Kleinigkeit kostet. Das Geld ist jedoch gut angelegt, wenn man z.B. Schreiner oder Koch ist und damit die Chancen, eine entsprechende Stelle zu ergattern, ziemlich gutstehen. Die meisten Arbeitgeber legen jedoch Wert auf Arbeitserfahrung in der neuseeländischen Arbeitswelt. Bevor also der Traumjob winkt, ist der Umweg über eine weniger schillernde Tätigkeit miteinzukalkulieren. Zum Thema „Stellensuche“ siehe unter dem entsprechenden Kapitel.

Doch normalerweise wird ein Work and Travel-Visum nicht genutzt, um eine professionelle Arbeitsstelle zu suchen. Am häufigsten sind es die „casual jobs“, Gelegenheitsjobs, die die Reisenden über Wasser halten. Bei diesen Tätigkeiten werden keine übersetzten, beglaubigten Zeugnisse verlangt. Wer allerdings über ein Arbeitszeugnis verfügt, dem kann dieses natürlich bei der Stellensuche durchaus behilflich sein. Die beglaubigte Übersetzung kann man sich allerdings sparen; selbst zu übersetzen ist hier völlig ausreichend.

Kreditkarte

Anders als in Europa ist die Kreditkarte in Neuseeland ein allgegenwärtiges Zahlungsmittel; ihre Anschaffung lohnt sich also unbedingt. Ob im Hostel, im Supermarkt oder an der Tankstelle – Kreditkarten werden überall akzeptiert. Einige Buchungen sind ohne Kreditkarte sogar schwierig zu bewerkstelligen, z.B. Flüge, Hostels, Mietautos und überhaupt jegliche Art von Buchungen, die übers Internet oder Telefon getätigt werden. Der Besitz einer Kreditkarte ist also fast unumgänglich.

Geld abheben sollte man mit der Kreditkarte jedoch nach Möglichkeit nicht, da hierbei immer höhere Gebühren fällig sind als mit der europäischen EC-Karte.

Da es kaum möglich sein wird, eine Kreditkarte in Neuseeland zu erhalten, sollte man sie sich zu Hause besorgen. Ohne Einkommensnachweis ist es zwar schwierig, eine zu beantragen, aber mit einer Bürgschaft, z.B. durch die Eltern, doch möglich. Unter Umständen kann es sich loh-

nen, die Bank zu wechseln – einige Banken wie die DKB bieten beispielsweise kostenlose Kontoführung mit Kreditkarte an.
Die wichtigsten Anbieter in Neuseeland sind Visa und Mastercard; weniger üblich sind American Express und Diners Club.

Packen

Beim Packen sollte man sich zurückhalten, denn wer sich ins Backpacker-Leben stürzen will, noch nicht genau weiß, wohin die Reise gehen soll oder einfach gerne flexibel bleibt, der sollte möglichst wenig Ballast herumschleppen. Manche Dinge müssen natürlich einfach mit, aber man sollte stets bedenken, dass sie des Öfteren auf dem Rücken durch die Gegend zu tragen sind. Weniger ist also oft mehr. Außerdem ist das Höchstgewicht des Reisegepäcks bei den meisten Fluglinien auf 20 oder 23 kg beschränkt, so dass u.U. beim Einchecken am Flughafen kräftig nachzuzahlen ist.
Letztlich wird nicht viel benötigt – es ist erstaunlich, mit wie wenig Utensilien man auskommt. Und schließlich kann man sich bei Bedarf beinahe alles auch vor Ort zulegen.

Gepäckstück

Hartschalen-Koffer machen zwar mehr her, sind aber längst nicht so praktisch wie ein gut sitzender Rucksack.

Wer noch keinen besitzt, sollte – seinem Rücken zuliebe – beim Neukauf vor allem auf Tragekomfort achten. Also: Ausreichend Zeit nehmen, sich beraten lassen und unbedingt verschiedene Modelle ausprobieren. Verstellbare Rucksäcke werden vom Verkäufer richtig an den Rücken angepasst. Oft wird auch der sehr empfehlenswerte Service angeboten, den Rucksack zu Hause mit vollem Inhalt auszuprobieren und sich erst dann zu entscheiden. Er sollte mindestens ein Volumen von 60 Litern haben.

Von einem Kauf übers Internet ist eher abzuraten, da eine gute Beratung späteren Rückenschmerzen oft vorbeugen kann.

Ein zusätzlicher kleiner Rucksack ist praktisch für Ausflüge und Tagestouren.
Tipp: Um den Rucksack vor leichten Beschädigungen bei der Beförderung zu schützen, ist ein Transportsack (*backpack cover*) sinnvoll, der

über das Gepäckstück gestülpt wird und es so vor Schmutz und Beschädigungen bewahrt. Ferner sollte man unbedingt ein Schildchen mit Namen und Adresse im Rucksack lassen, damit er bei Verlust schneller zugeordnet werden kann.

Kleidung

Ausschlaggebend für die Kleiderwahl sind natürlich die Jahreszeit und das genaue Reisegebiet. Einfache Klamotten wie Shorts und T-Shirts sowie Badebekleidung sind vor Ort recht günstig erhältlich. Eine warme Fleecejacke sollte nicht fehlen, da es teilweise empfindlich kalt werden kann. Natürlich sollten die einzelnen Kleidungsstücke möglichst wenig wiegen – so sollte man die Anzahl der Jeanshosen beschränken und möglichst keine schweren Pullover mitnehmen.

Jeder muss selbst entscheiden, was er unbedingt benötigt und was nicht. Im Folgenden eine Aufzählung der Dinge, die sich im Durchschnitt als nützlich erwiesen haben:

- Fleecejacke
- Regenjacke oder -cape
- festes Schuhwerk (eingelaufene Trekkingschuhe und / oder -sandalen)
- Badeschlappen (für öffentliche Duschräume)
- bequeme Hosen
- ein Satz schlichter Klamotten fürs Bewerbungsgespräch und ein Paar schickere Schuhe
- Kopfbedeckung gegen Kälte oder Sonne
- Sarong (nicht nur als Kleidungsstück, sondern auch als Kopfbedeckung, Decke, zum Umkleiden etc. – auch in Australien erhältlich)
- Sonnenbrille und -hut
- Sonnencreme
- Schwimmsachen
- Taschenlampe
- Taschenmesser (jedoch nicht ins Handgepäck!)
- Nagelschere und Pinzette (auch nicht ins Handgepäck)
- Feuerzeug (nicht ins Handgepäck)
- Wecker oder Armbanduhr mit Weckfunktion

- kleines Schloss (z.B. für Schließfächer in Hostels)
- Oropax
- Passbilder
- Reiseführer
- Handtuch
- kleinerer Rucksack
- Kulturbeutel (in Outdoor-Geschäften gibt es praktische Waschbeutel zum Aufhängen, mit Spiegel und vielen kleinen Fächern)
- Fotoapparat
- Schlafsack
- ggf. Medikamente
- Musik / mp3-Player, Adapter (austral. Steckdosen sind dreipolig)
- USB-Stick (evtl. mit Bewerbungsschreiben, Zeugniskopien etc.)
- Laptop
- Besteck
- Gesellschaftsspiel (z.B. Schach oder Kartenspiel)
- kleine Tasche für Stadtbummel oder abends
- alte Klamotten als Arbeitskleidung bei Jobs in der Landwirtschaft (sind jedoch auch günstig bei Second-Hand-Läden („Opp-Shops") karitativer Hilfsorganisationen erhältlich

---

Packliste

Wie das konkret aussehen kann, zeigt Tim Kath mit seiner detaillierten Packliste:

Dokumente	Anzahl	Gewicht
Reisepass	1	
Auslandskrankenkarte	1	
Flugticket	2	
Visum Unterlagen	1	
Intern. Führerschein	1	
Führerschein	1	
Krankenkarte	1	
Kreditkarte	1	
EC-Geldkarte	1	
Onlinebanking-Unterlagen	1	
Passbilder	3	
Personalausweis	1	
Unfallhilfe- & Blutspenderpass	1	
Kontoauszug für die Einreise	1	
Gesamt		500
Bekleidung		
Flip-Flops	1	140
Wanderschuhe	1	1.760
Trekkinghose	1	400
Jeans	1	650
Regenhose	1	350
Kurze Hose	1	370
Badeshorts	1	160
Jack Wolfskin-Jacke	1	670
Hemd	1	200
T-Shirt	6	900
Fleece-Pullover	1	290
Baumwoll-Pullover	1	240
Socken	6	420
Unterwäsche	5	320
Brille + Etui	1	90
Base Cap	1	75

Verpflegung		
Gaskocher, Topf & Pfanne	1	660
Besteck	1	170
Taschenmesser	1	65
Trinkbecher	1	50
Hygienebedarf		
Mikrofaserhandtuch	1	160
Reinigungskonzentrat (biolog. abbaubar)	1	115
Zahnbürste	1	15
Zahnpasta	1	25
Nagelschere	1	20
Deospray	1	150
Kontaktlinsentropfen	1	30
Toilettenpapier	1	25
Taschentücher	2	40
Camping		
Transportschutz für Rucksack	1	260
Rucksack (65l + 10l)	1	2.400
Isomatte (selbstaufblasbar)	1	1.600
Zelt (2-3 Personen)	1	2.900
Schlafsack	1	1.000
Day-Pack	1	200
Umhängetasche	1	120
Stirnlampe	1	125
Kurbellampe	1	75
Technik		
Digitalkamera	1	155
Ladegerät Digitalkamera	1	80
Ministativ	1	50
mp3-Player	1	30
Lautsprecher mp3-Player	1	60
Handy	1	105
Handyladekabel	1	65
Ersatzbatterien	2	25
Speicherstick USB 1 GB	1	10
SDHC Speicherkarte 4 GB	1	5
SD Speicherkarte 2 GB	1	5

SD Speicherkarte 1 GB	1	5
USB-Kamera-Kabel	1	15
Reisewecker	1	65
Reiseapotheke		
Erste Hilfe-Set + Pflaster	1	160
Wespenallergie-Notfalltabletten, Packung	1.	25
Allergietabletten, Packung	1	10
Schmerztabletten, Packung	1	20
Mittel gegen Durchfall, Packung	1	20
Micropur Forte Tabletten (Wasseraufbereitung)	100	50
Sonstiges		
Ohrstöpsel	6	30
Adressliste für Karten	1	10
Karton + Edding (fürs Trampen)	2	70
Wörterbuch (Langenscheidt)	1	600
zusätzliche Spanngurte	2	40
Zippo Feuerzeug	1	60
Reiseführer NZ	1	125
Schreibblock	1	250
Stifte	3	25
Vorhängeschloss	1	80

Zollbestimmungen

Während des Fluges werden Zollkarten (*Arrival Cards*) ausgeteilt, die auszufüllen sind. Sie sind auch im Ankunftsbereich erhältlich.

Nach der Passkontrolle wird das Gepäck geholt und entweder der grüne oder der rote Ausgang angestrebt. Wer nichts zu deklarieren hat, wählt den grünen Ausgang. Zollpflichtige Waren oder größere Geldbeträge sind am roten Ausgang zu deklarieren. Kleidung, Schuhe, Schmuck oder Toilettenartikel müssen nicht deklariert werden; sie gelten als persönliche Gegenstände.

Das Handgepäck ist besonders großen Restriktionen unterworfen: es gehören weder spitze noch scharfe oder sonst wie gefährliche Gegenstände hinein, ebenso wenig Flüssigkeiten in größeren Mengen. Die genauen Bestimmungen sind normalerweise auf der Website der Fluglinie zu erfahren.

Zollfrei sind folgende Gegenstände (für Reisende über 17 Jahren):

- 4 ½ Liter Wein oder Bier (sechs Flaschen à 750 ml) und eine Flasche Spirituosen, Likör oder sonstige Getränke bis zu 1,125 ml Inhalt.
- 200 Zigaretten oder 250 g Tabak oder 50 Zigarren bzw. eine Mischung aller drei mit einem Gesamtgewicht von maximal 250 g
- sonstige Waren mit einem Gesamtwert von NZ $700 (Quittungen bereithalten!)

Folgende Gegenstände dürfen nicht nach Neuseeland eingeführt werden:

- Waffen (sofern bei Ankunft am Flughafen keine Genehmigung von der neuseeländischen Polizei eingeholt wird)
- verschreibungspflichtige Medikamente (bzw. nur mit ärztlicher Verschreibung)
- illegale Kopien urheberrechtlich geschützter Waren
- anstößige, d.h. „unsittliche" Artikel
- Tierprodukte (einschl. Häute, Felle, Dung, Federn, Knochen, Korallen, Eier und Muscheln)
- frische verderbliche Lebensmittel (Obst, Gemüse und Fleisch)
- aus Pflanzenprodukten hergestellte Artikel (wg. möglicher keimfähiger Samen oder Insekten)

Aktuelle Details auf der Seite
Protect New Zealand-Website, www.mpi.govt.nz/, bzw. der Website des Ministeriums für Land- und Forstwirtschaft,
Ministry of Agriculture and Forestry, http://brkb.biosecurity.govt.nz/. Wer sich über Quarantänebedingungen und die Einfuhr von Haustieren schlaumachen möchte, wird auf letztgenannter Internetadresse ebenfalls fündig.

Kündigen

Viele legen einen Working Holiday-Aufenthalt nach einem einschneidenden Ereignis ein, etwa dem Ende der Schul- oder Studienzeit, oder wenn ein befristeter Vertrag ausläuft. Es gibt aber auch immer mehr Arbeitnehmer, die es, obwohl in einem unbefristeten Verhältnis angestellt, in die Ferne zieht. Wie ist in so einem Fall am besten vorzugehen?

Auf jeden Fall ist der Arbeitgeber so rasch wie möglich über die Entscheidung zu informieren. In einigen Fällen lässt er sich vielleicht auf eine Auszeit ein, auf unbezahlten Urlaub. Wer genügend Zeit hat, kann evtl. auch mithilfe von Langzeitkonten Arbeitszeit ansparen, die dann für eine mehrmonatige Auszeit genutzt werden kann. Das hat natürlich auch den Vorteil, dass man während dieser Auszeit weiterbezahlt wird. Mehr zu dieser und anderen Regelungen ist auf der Seite des Bundesministeriums für Arbeit und Soziales zu finden, Stichwort Flexi-Gesetz und Arbeitszeitkonten, www.bmas.bund.de.

In jedem Fall, besonders aber, wenn sich der Arbeitgeber auf keine Kompromisse einlässt, ist ein Gespräch mit einem Mitarbeiter der Agentur für Arbeit unerlässlich.

Wer seinen Job selbst kündigt, hat, sofern er in den letzten zwei Jahren mindestens 12 Monate einer Arbeit nachging, auch Anspruch auf Arbeitslosengeld. Allerdings wird er in diesem Fall von der Agentur für Arbeit mit einer meist 12-wöchigen Sperrzeit bedacht. Diese beginnt, sobald man sich arbeitslos meldet – also meist nach der Rückkehr. Man sollte aber in jedem Fall bei jemandem von der Leistungs-Abteilung der Agentur für Arbeit nachfragen, ob sich an dieser Regelung etwas geändert hat. Zur Selbstrecherche eignen sich auch die Seiten der Agentur, www.arbeitsagentur.de.

Neben der Arbeitsstelle sind meist noch weitere Verträge zu kündigen – Stichwort Telefonanbieter, Fitnessstudio, Krankenkasse und andere Versicherungen (z.B. Haftpflicht), GEZ, ADAC etc. Dabei ist zu beachten, dass genügend Zeit einzurechnen ist; meist ein bis drei Monate. Außerdem muss man sich bei verschiedenen Behörden abmelden, z.B. dem Einwohnermeldeamt oder der Post.

Erfahrungsbericht Andreas Otto

Richtig viel Zeit mit der Vorbereitung ließ sich Andreas:

„Nach meiner dreijährigen Ausbildung zum Groß- und Außenhandelskaufmann bei einem landwirtschaftlichen Handelsunternehmen in Deutschland bekam ich Lust, einmal etwas anderes zu machen – nicht zuletzt durch die Erzählungen einer Bekannten, die in Australien, und eines Kumpels, der ein halbes Jahr in Kanada gewesen war.

Aus beruflichen Gründen wollte ich ein Land besuchen, in dem die Landwirtschaft eine entscheidende Rolle in der Volkswirtschaft spielte, und in dem möglichst Englisch gesprochen wird.

Nachdem ich mich über die USA, Kanada, Australien und Neuseeland informiert hatte, kristallisierte sich Neuseeland schnell als Favorit heraus – je mehr ich mich darüber informierte, desto mehr wollte ich von dem Land und seiner Kultur erfahren. Außerdem liegt Neuseeland von Deutschland aus gesehen an einem der entferntesten Orte der Welt, was dem Ganzen auch noch mal einen persönlichen Reiz gegeben hat. Von meinem Arbeitgeber erhielt ich eine Freistellung von einem Jahr.

Der Plan war grundsätzlich eine Dauer von einem halben Jahr, aber für den Fall, dass es mir so gut gefiele, dass ich an Verlängerung dachte, wollte ich auch berufliche Sicherheit haben.

Meine Ausbildung hatte ich im Juni beendet; der Aufenthalt in Neuseeland betraf den dortigen Sommer, also den hiesigen Winter.

Noch im selben Jahre wäre es von der Planung und insbesondere der finanziellen Seite aus äußerst knapp geworden, also blieben nun knapp anderthalb Jahre Zeit, meine Reise genau zu planen, zu sparen und alle nötigen Vorkehrungen zu treffen. „That's so German!", würde man im Ausland sagen, und das weiß ich auch …"

Die Vorbereitung ging ich systematisch an. S habe ich eine Excel-Liste mit allen möglichen und unmöglichen Dingen erstellt, einen Einkaufs- und später auch einen Packplan.

Viele Equipment-Teile besorgte ich günstig über Ebay. Ich hatte ja Zeit und konnte so in aller Ruhe nach den besten und günstigsten Produkten gucken. Insgesamt gab ich im Vorfeld für Laptop, Flug, Kamera usw. ca. 7.000 € aus. Viele denken jetzt vielleicht, das sei viel, aber es kommt eben eins zum anderen.

Wichtig war mir, einen eigenen Laptop zu haben, um Bilder speichern zu können, und um per Skype den Kontakt mit Familie und Freunden daheim zu pflegen. Außerdem stellte sich während der Reise heraus, dass die Kombination Laptop und Frauenfilme auf DVD eine sehr, sagen wir mal, lukrative Kombination und Investition ist …

Insgesamt hatte ich dann durch die Auflösung eines Bausparvertrages ca. 12.000 € für den Aufenthalt in Neuseeland zur Verfügung. Das ist für einen Backpacker natürlich eine ziemliche Stange Geld, aber ich wollte ja auch diverse kostspielige Sachen wie Bungy und Skydiven usw. machen."

Wohin soll's gehen?

Mit einer Fläche von knapp 269.000 km² ist Neuseeland ein gutes Stück kleiner als Deutschland. Allerdings ist das Land mit gerade mal knapp 4,6 Millionen Einwohnern nicht gerade dicht besiedelt. Das Land setzt sich aus einer Nord- und einer Südinsel und über 700 kleineren Inseln zusammen; erstere beherbergt gut Dreiviertel aller Neuseeländer. Dort ist auch die Hauptstadt Wellington zu finden, außerdem die Millionenstadt Auckland. Bekannte Städte auf der Südinsel sind Christchurch und Dunedin.

Landschaftlich ist die Nordinsel von anmutigen grünen Hügeln geprägt, die immer wieder von teils noch aktiven Vulkanen unterbrochen werden.

Das Landschaftsbild der Südinsel ist etwas schroffer und sehr bergig. Mit den Südalpen (*Southern Alps*), deren höchster Gipfel Mount Cook 3764 Höhenmeter aufweist, und den Fiordlands an der Südküste erinnert die Insel nicht nur namentlich an bestimmte Regionen in Europa.

Das Klima ist im Großteil des Landes gemäßigt-mild; lediglich im Norden der Nordinsel herrscht subtropisches Klima. Im Flachland Nord-Neuseelands liegen die durchschnittlichen Temperaturen im Winter bei 15°C und im Sommer bei 25°C. Die Südinsel hat im Durchschnitt 5-10°C weniger.

Durch die isolierte Lage weisen die Inseln eine Vielzahl endemischer Pflanzen- und Tierarten auf, also solchen, die nur dort vorkommen. Bis auf drei Fledermausarten sind die einzigen Säugetiere Neuseelands im Meer anzutreffen – hier dann aber reichlich: Neuseeländische Seebären und Seelöwen, Elefantenrobben, Delfine und Wale. An Land gibt es statt Säugetieren mehrere flugunfähige Vögel, z.B. der bekannte Kiwi, der Kakapo, der Takahe oder der Weka. In der Flora stechen besonders die vielen Farnarten hervor.

Neuseeland setzt sich aus 13 Regionen (*Regional Councils*) und vier Unitary Authorities zusammen. Letztere sind in ihrer Funktion mit deutschen Stadtstaaten vergleichbar. Die einzelnen Gebiete sind: Northland, Auckland, Waikato, Bay of Plenty, Gisborne, Taranaki, Manawatu-Wanganui, Hawke's Bay, Wellington, Marlborough, Nelson, Tasman, Canterbury, West Coast, Otago, Southland und Chatham-Inseln.

Die Zeitverschiebung zur mitteleuropäischen Zeit (MEZ) beträgt +12 Stunden zwischen Oktober und März und +10 Stunden zwischen März und September. Während einiger Wochen im Oktober beträgt die Zeitverschiebung +11 Stunden.
Hauptwirtschaftszweige Neuseelands sind Land- und Forstwirtschaft, Nahrungsmittelindustrie und Tourismus.

Erfahrungsbericht Till Papendorf

Als *Till* mit der Schule fertig war, wusste er noch nicht genau, wie es nun weitergehen sollte – studieren, Ausbildung, oder doch etwas anderes?

„Was ich allerdings wusste, war, dass ich liebend gerne mal aus meinem grauen, deutschen Alltag ausbrechen wollte und das, wohl auch beeinflusst durch die „Herr der Ringe-Trilogie“, am liebsten in Neuseeland.“

Nach einer Recherche im Internet entschied ich mich dazu, das Ganze ohne dazwischengeschobenen Vermittler zu versuchen, zum einen, da er ich die Selbstorganisation spannend fand, zum anderen aus Kostengründen.

Im Nachhinein auf jeden Fall die richtige Entscheidung! Gemeinsam mit meiner Freundin landete ich dann im Oktober nach einem langen, ermüdenden Flug über Shanghai und Auckland auf der Südinsel, in Christchurch. Dort konnten wir erst einmal die Gastfreundschaft von Bekannten meiner Eltern in Anspruch nehmen. Außerdem hatte ich gelesen, dass es günstiger wäre, sein Auto in Christchurch zu kaufen und es in Auckland wieder loszuwerden, da die meisten es genau andersrum machten.

In Christchurch sollte es also massig Campervans geben – wie wir dachten. Der Autokauf gestaltete sich dann aber doch nicht als ganz einfach, denn entweder lagen die Preise zu hoch oder die Fahrzeuge waren einfach dreckig bzw. schrottreif. Wir mussten daher länger bei unseren neuseeländischen Bekannten verweilen, bis wir endlich ein Auto auf Trade-Me, dem neuseeländischen E-Bay, fanden. Das Auto war allerdings ein Familienwagen und musste erst noch in einen Camper umgebaut werden. Glücklicherweise bekamen wir von unseren Gastgebern tatkräftige Hilfe und konnten schon bald in einem nagelneuen, selbstgebauten Bett im eigenen Auto schlafen.

Einen Monat nach der Landung ging es dann mit dem eigenen Auto los.

Wir fuhren Richtung Akaroa, wo wir einen alten Schulfreund trafen, der auf einer schön gelegenen Schaffarm arbeitete. Hier blieben wir die ersten beiden Nächte in unserem Auto und bestaunten das Farmgelände, den angrenzenden Strand und die sich sonnenden Seehunde.

Dabei planten wir auch unseren ersten Arbeitseinsatz, der ganz in der Nähe lag: Wir wurden von einem älteren Ehepaar aufgenommen, das drei urig gelegene Ferienwohnungen vermietete. Hier halfen wir im eigenen Gemüsegarten, zupften und hackten Unkraut, halfen bei der Wäsche und der Reinigung der Wohnungen zwischen den Besuchen und spritzten den eigenen kleinen Weinanbau. Wir hatten ein wirklich tolles Zimmer, das sonst für 160 NZ$ vermietet würde, sowie Verpflegung für lau. Eigentlich war es schade, dass wir nicht länger dageblieben waren!"

Nach dieser Erfahrung ging´s an die Erkundung der „Wildnis".

Wir fuhren in die Berge und verbrachten unsere erste Nacht auf niemandes Grundstück nahe einer Brücke an einem Flussufer. Auf unserem Gaskocher machten wir uns Nudeln, und zum Frühstück hatten wir Cornflakes. So ging unsere Reise weiter, wir fuhren der Nase nach, im Urzeigersinn die Südinsel ab, übernachteten meist zwei Tage im Freien und am dritten auf einem Campingplatz, um uns frisch zu machen und die Wasservorräte aufzufüllen. Dabei erlebten wir wunderschöne, kilometerlange, einsame Strände, schneebedeckte Berge, tiefsten Urwald, reißende Flüsse, stille Fjorde, riesige Gletscher, riechende Seehunde und Seelöwen, Pinguine, Königsalbatrosse und die frechen Keas. Schließlich setzten wir mit der Interislander-Fähre von der Süd- auf die Nordinsel über, nachdem wir in Picton eine Weihnachtsparade sahen, eine Art Schützenumzug in Weihnachtsmannkostüm und T-Shirt. In Wellington angekommen ließen wir drei Steinschläge, die in Neuseeland ein wirkliches Problem sind, in unserer Windschutzscheibe von Smith & Smith, dem neuseeländischen Carglass, reparieren. Nachdem wir unsere Reise auf der Nordinsel fortsetzten, mussten wir schnell feststellen, dass Wildcampen hier nicht so leicht war. Dafür stellt die Umweltbehörde Neuseelands, das Department of Conservation (DOC), in Naturschutzgebieten kleine Campingplätze mit Wasserhahn und Toilette zur Verfügung, für die man nur sehr wenig zahlen muss. Heute ist meines Wissens das Wildcampen national verboten, d.h. man sollte jetzt wohl von Anfang an die DOC-Campgrounds einplanen, wenn man mit einem Van unterwegs ist.

Unsere persönlichen Höhepunkte auf der Nordinsel waren große Vulkane, die Stadt Rotorua, in der es überall aus der Erde dampft und nach

Schwefel riecht, weil sie auf einem vulkanisch aktiven Gebiet gebaut ist, endlose Fahrten durch den Urwald und auenlandähnliche Grashügel-Landschaften, tropische Strände, Rochen, Delfine und kleine tote Haie, sich ins Wasser stürzende Tölpel und riesige Dünen, wie in der Wüste.

Unsere Reise endete schließlich in Auckland, wo wir uns auf einem Campingplatz mit einem deutschen Paar verabredet hatten, die unser Auto abkaufen wollten. Nach einer Probefahrt schlugen wir unseren treuen Begleiter für ungefähr 1500 € los – etwa der gleiche Preis, den wir in Christchurch auch bezahlt hatten. Letztlich hatten wir also lediglich den Betten-Einbau, zwei kleinere Reparaturen und den Sprit selber bezahlt.

Zusammenfassend würde ich über unseren Ausflug nach Neuseeland sagen, dass er das mit Abstand Schönste und Spannendste war, was ich bis jetzt erlebt habe. Neuseelands Natur ist atemberaubend, und die Kiwis bemühen sich, diese zu wahren – zumindest in den Naturschutzgebieten, die einen großen Teil der Fläche ausmachen. Die Neuseeländer sind freundlich und hilfsbereit und wir fühlten uns bis auf eine kleine Ausnahme nie unwohl. Die negative Erfahrung hatten wir, als wir am Wochenende etwas zu nah an einer Stadt übernachteten und um 2 Uhr nachts aufwachten, weil ein Trupp Halbstarker den Geländewagen des Vaters Probe fuhr, bis uns die Erdklumpen gegen die Heckscheibe flogen …

Schade ist, dass wir nicht erfolgreicher bei unserer Jobsuche waren und unseren mehr Travel als Work-Trip daher etwas frühzeitig beendeten. Allerdings muss ich auch zugeben, dass man intensiver nach Jobs hätte suchen können. Wir hatten uns beim WWOOFing angemeldet und darüber versucht, verschiedene Personen zu kontaktieren. Leider fielen die Antworten, bis auf den ersten oben erwähnten Arbeitseinsatz, mau aus, weswegen wir uns dann auch nicht mehr so sehr darum bemühten und einfach einen langen Urlaub bis zum Ende des Geldes daraus machten. Wenn man aber intensiver alle Möglichkeiten der Jobsuche ausnutzt, bin ich mir recht sicher, dass man auch etwas findet, auch wenn es vielleicht nicht so leicht ist, wie es in einigen Foren teilweise klingt. Etwas Einsatz ist schon nötig."

Kleiner Ratschlag zum Schluss: Auch wenn fast alle Kiwis sehr nett sind, sollte man auch hier auf seine Wertsachen achten. Wir wurden rechtzeitig von Einheimischen darauf hingewiesen und mussten so keine böse Überraschung erfahren. Insgesamt war das ganz bestimmt nicht mein letzter Aufenthalt in Neuseeland, und denjenigen, der das Land nach einem Besuch nicht liebt, will ich mal sehen!"

In Neuseeland

Information

Reiseführer

Reiseführer erleichtern die Planung. Besonders auf die Bedürfnisse von Rucksackreisende zugeschnittene weisen neben dem konventionellen Teil zu Land, Leuten und Unterkünften auch Tipps zu Arbeitssuche, Sparmöglichkeiten oder Partyorten auf.
Der „Lonely Planet"-Reiseführer gilt als „Bibel" der Budgetreisenden. Tatsächlich werden in der neuseeländischen Ausgabe auch noch die kleinsten und entlegensten Orte aufgelistet und Insidertipps gegeben, mit denen viele andere Führer nicht mithalten können. Ähnlich empfehlenswert sind „The Rough Guide" und „Let's Go", bislang lediglich auf Englisch erhältlich. In den meisten Hostels stehen übrigens ein paar Exemplare in der „Bookexchange"-Ecke, wo man sein ausgelesenes Buch gratis gegen ein anderes umtauschen kann.

Touristen-Info

In fast allen Städten und den meisten Gemeinden ist eine Touristeninformation bzw. Visitor Information Centre oder einfach I-Site zu finden. So lohnt es sich bei der Ankunft in einem neuen Ort durchaus, zunächst das örtliche Verkehrsbüro anzusteuern, da man dort mit meist kostenlosen Stadt- und Landkarten versorgt wird. Zudem liegen hier häufig Werbematerial diverser Hostels und Pensionen sowie Informationen zu den beliebtesten Sehenswürdigkeiten oder aktuellen Veranstaltungen der Region aus. Adresse aller rund 80 i-SITES:
www.newzealand.com/travel/i-sites/i-sites_home.cfm.

Schwarzes Brett

Die *Notice-Board* (Schwarzes Brett) in Hostels sind wahre Fundgruben: Mitfahrgelegenheiten, Jobs, billige Föhns, Handys, freie Zimmer, Busfahrpläne ... – oft findet man Dinge, von denen man noch gar nicht wusste, dass man sie sucht!

Mundpropaganda

(word of mouth)
Reden ist Silber, Schweigen ist Gold – dieses Sprichwort trifft auf Backpacker in Neuseeland nicht wirklich zu, lernt man doch beim Plaudern viel schneller Leute kennen und erfährt so allerlei Nützliches: Welche Hostels sind besonders gut und günstig? Welche Orte sollte man lieber meiden? In welchen Bereichen existieren noch freie Stellen, und wo kann man sich bewerben?
Zudem lernt man eine Sprache durch tüchtige Übung am allerbesten.

Reisebüros für Backpacker

Mehrere Reisebüros haben sich mittlerweile auf Backpacker und Studenten spezialisiert. Häufig darf, wer eine Tour bucht oder ein Busticket kauft, kostenlos das Internet benutzen.

- https://backpackersworld.com
- www.kiwiexperience.com
- www.statravel.co.nz

Backpacker-Magazine

Magazine mit der Zielgruppe Backpacker gibt es auch in Neuseeland – sie liegen meist kostenlos in Hostels oder Verkehrsbüros aus. Da sie durch Werbung finanziert werden, machen diese auch einen Großteil des Heftchens aus; dennoch finden sich hier wirklich brauchbare Adressen und Tipps zu günstigen Unterkünften, Transportmöglichkeiten oder Jobs.

Die bekanntesten sind:

- Neuseeland News: www.neuseeland-news.com
- TNT Travel Down Under: www.tntdownunder.com

Tageszeitungen

Wer das Tagesgeschehen in Neuseeland aktiv verfolgen möchte, stürzt sich am besten auf die verschiedenen Zeitungen des Inselstaats. In fast allen finden sich auch aktuelle Stellenanzeigen für die jeweilige Region, meist samstags und mittwochs, teils auch noch montags.

Zeitungen liegen in öffentlichen Bibliotheken aus, teils auch in Hostels.

- Manawatu Standard (Nordinsel): www.stuff.co.nz/manawatu-standard/
- Otago Daily Times (Südinsel): www.odt.co.nz
- The Southland Times (Südinsel): www.stuff.co.nz/southland-times/
- Taranaki Daily News (Nordinsel): www.stuff.co.nz/taranaki-daily-news/
- The Dominion Post (Nordinsel): www.stuff.co.nz/dominion-post/
- The Marlboro Express (Südinsel): www.stuff.co.nz/marlborough-express/
- The Nelson Mail (Südinsel): www.stuff.co.nz/nelson-mail/
- The New Zealand Herald (Nordinsel): www.nzherald.co.nz
- The Press (Südinsel): www.stuff.co.nz/the-press/
- The Timaru Herald (Südinsel): www.stuff.co.nz/timaru-herald/
- Waikato Times (Nordinsel): www.stuff.co.nz/waikato-times/

Die *Education* Gazette wird vom Bildungsministerium herausgegeben, erscheint montags (vierzehntägig) und listet neben allerlei Informationen rund ums Bildungswesen die aktuellen Stellenanzeigen im Bildungssektor auf: *www.edgazette.govt.nz*.

Radio

Der meistgehörte Radiosender ist wahrscheinlich *Radio New Zealand National*, das rund um die Uhr gesendet wird. Das Programm setzt sich aus Nachrichten, Dokumentationen, Hörstücken und Musik zusammen. Mindestens ein Drittel der Musik stammt aus Neuseeland. Einzelne Sendungen sind ganz auf Maori gehalten. Die Frequenzen der jeweiligen Regionen sind auf www.radionz.co.nz/listen/amfm zu finden.

Büchereien

(*Public Library*)
Öffentliche Büchereien dienen dem Backpacker als hilfreiche Informationsquelle. Ob es sich dabei um Material zum Reisen handelt wie Landkarten und Reisebücher oder um völlig andere Themen; mit etwas Glück wird man in fast jeder Bücherei fündig werden und sein Wissen erweitern können.

Auch Internetzugang sowie Kopierer und Drucker stehen den Besuchern in allen Bibliotheken zur Verfügung, und zwar meist zu einem weitaus günstigeren Tarif als in Hostels oder Internet-Cafés. Oft können "Guests", d.h. Besucher ohne Büchereikarte, eine halbe Stunde gratis ins Internet. Viele Bibliotheken bieten auch „Free Wireless Internet Access" an.
Hier eine Auflistung einiger öffentlicher Bibliotheken und Näheres zum neuseeländischen Bibliotheksystem:
www.publiclibrariesofnewzealand.org.nz

Wohnen

Hostels

Die erste Zeit in der Ferne wird üblicherweise im Hostel verbracht. Hier trifft man auf viele Gleichgesinnte, erhält Tipps und Ratschläge, erhält Inspiration und lebt ein geselliges Leben. Auf Privatsphäre ist weitgehend zu verzichten, doch dafür ist immer jemand zum Reden, Essen, Ausgehen und zum Austausch wertvoller Erfahrungen in greifbarer Nähe.

Ein Hostel erfüllt also neben der günstigen Übernachtungsmöglichkeit weitaus mehr Funktionen, die nicht zu unterschätzen sind. Vor allem die Informationsaustauschbörse funktioniert hier einwandfrei und ist jedem Reisenden eine unglaubliche Hilfe: Wo es schön ist, wo es Arbeit gibt, welcher Handyanbieter der billigste, welcher Burger der leckerste und

welches Pub das gemütlichste ist, das erfährt man hier alles im Handumdrehen. Auch künftige Mitbewohner, Reisepartner oder Freunde werden in Hostels immer wieder gefunden. Die liegen dort quasi gratis überall herum und wollen nur aufgelesen werden!
Irgendwann kommt jedoch erfahrungsgemäß der Punkt, an dem die große Lust auf neue Leute abebbt. Man stellt fest, dass man seine Vorstellung - Herkunft, Reisegrund und -dauer - mit lustloser Routine hinunterleiert. Dagegen wächst die Sehnsucht nach einem eigenen Zimmer, einem - Kleiderschrank und Ruhe. Dieses Gefühl kennt jeder Backpacker, denn es ist normal; doch es überkommt jeden einzelnen mit einer gewissen Verwunderung. Dies ist dann für viele der Augenblick, in dem sie sich für ein paar Wochen Arbeit auf einer einsamen Farm entscheiden oder sich eine andere Wohnmöglichkeit suchen ... – um sich eventuell nach einiger Zeit wieder in das gemeinschaftliche Leben zu stürzen. Denn viel Freude bringt das allemal!

Stefan Ketterer hat gute Erinnerungen an seine Hostel-Aufenthalte:
„Kaum betritt man ein Hostel, so trifft man auf nette Leute, mit denen man Erfahrungen austauscht und von denen man viele weitere Tipps bekommt. Allgemein sind Hostels bestens geeignet, um Schicksalsgenossen kennenzulernen. Einige Unterkünfte haben sogar einen beheizten Pool, im Winter einfach genial. Sehr oft kam ich allein in eine Ortschaft und lernte sofort nach dem Einchecken neue Backpacker kennen, mit denen ich auch weiterreisen konnte ...“

Wer im Hostel überwintern möchte, sollte sich rechtzeitig erkundigen, ob das überhaupt möglich ist, und dann Langzeit-Rabatte aushandeln. Viele Hostelbesitzer sind froh, im Winter eine sichere Einnahmequelle zu haben. Anders sieht´s im Sommer aus: Da darf man meist nur zwei bis drei Wochen bleiben, bevor man weiterziehen muss.

Preise zwischen 30 und 50 NZ$ pro Nacht im Mehrbettzimmer (ohne Ermäßigung); im Durchschnitt ist mit ca. 39 NZ$ zu rechnen. Doppel-Zimmer schlagen gleich mit knapp 100 NZ$ zu Buche. Im Folgenden die häufigsten Hostel-Arten in Neuseeland:

- *Budget Backpacker Hostels*, www.bbh.co.nz, über 350 Hostels, eigene Mitgliedskarte. Zuverlässige Bewertungen durch zahlreiche Backpacker

- *Youth Hostel Association*, www.yha.co.nz, eigene Mitgliedskarte (kann bereits in Europa erworben werden), Übersichtskarte, auch Familien und ältere Reisende.
- *VIP Backpackers*, www.vipbackpackers.com, eigene Mitgliedskarte, aber geringere Hosteldichte als die beiden o.g.

Andreas Otto kann die Mitgliedskarten der Hostelnetzwerke nur wärmsten empfehlen:
„Ich habe schon vor der Reise eine Mitgliedschaft beim BBH beantragt und erhielt bei jedem Hostel mindestens 3 Dollar Nachlass. Außerdem bekommt man bei vielen Unternehmungen Rabatte. So habe ich zum Beispiel eine Segelbootstour durch die *Bay of Islands* über 20 Dollar günstiger bekommen. Einfach ein klasse Ding, kann ich nur jedem empfehlen. Die Kosten hatte ich nach einer guten Woche wieder drin, und dann lief sie nur noch ins Plus. Zudem fungierte die Card auch als Telefonkarte, mit der ich billig und bei einer Top-Qualität nach Deutschland telefonieren konnte."

Bed & Breakfast und Motels

Die klassische Unterkunftsmöglichkeit für den nicht allzu betuchten, aber auch nicht völlig verarmten Touristen ist manches Mal auch die billigste Variante für den Backpacker. Vor allem Gruppen von mehreren Leuten können hier ein Schnäppchen machen, da ein geteiltes Appartement oft günstiger kommt als ein Einzelbett im Hostel. Wochen- oder gar Monatspreise werden häufig angeboten. Als Einzelperson wird es allerdings schwierig sein, eine wirklich billige Übernachtungsmöglichkeit in einer solchen Unterkunft zu erwischen. Im Gegensatz zu Hostels finden sich Motels und B&Bs aber überall, in jedem noch so kleinen Dorf, an jedem Highway, auch in der Pampa.

Wohngemeinschaften

(Shared accomodation)
Die meist billigere Variante zum Hostel ist die Wohngemeinschaft. Vor allem, wenn man eine längere Zeit an einem Ort verweilen möchte, bietet sich diese Art des Wohnens an. In den großen Städten tun sich häufig Leute aus aller Welt zu WGs, zusammen ... ein Wohnerlebnis der beson-

deren Art und in vielerlei Hinsicht bereichernd! Außerdem sind die Kündigungsfristen meist sehr kurz, so dass man auch schnell wieder ausziehen kann, wenn es einem nicht gefällt. Oft ist es auch möglich, sich in einer WG das Zimmer zu zweit zu teilen, was die ganze Sache natürlich noch günstiger macht. Allerdings zahlt man häufig eine Kaution und benötigt manchmal Referenzen, also z.B. vom ehemaligen Arbeitgeber, Vermieter oder Professor/Lehrer o.Ä. von zuhause.
Zu finden sind WG- Angebote übers Internet, am Schwarzen Brett in Hostels oder in den Tageszeitungen (meist samstags).
Internetadressen zu WG-Zimmern:

- www.flatfinder.co.nz/
- www.nzflatmates.co.nz/
- www.nzherald.co.nz/classifieds
- www.trademe.co.nz

Couchsurfing & Co. / Mitwohnen für Reisende

Wer sich bei *Couchsurfing*, *Hospitalityclub* oder *Global Freeloaders* als Mitglied einträgt, kann in den Genuss einer Gratis-Übernachtung bei höchstwahrscheinlich netten und offenen Leuten kommen. Es handelt sich um weltweite Webcommunities mit rasant anwachsender Teilnehmerzahl. Ihr Ziel es ist, das fahrende Volk der ganzen Welt zusammenzubringen, um den Geist der Gastfreundschaft und Großzügigkeit zu verbreiten. So die „ideelle“ Variante. Natürlich geht es – wie immer – bei den Betreibern darum, Geld zu verdienen. Eingetragene Mitglieder werden nach Land und Stadt gelistet und können Kontakt miteinander aufnehmen. Manche Mitglieder bieten eine Couch zur Übernachtung an, andere laden zum Kaffeetrinken ein, wieder andere befinden sich gerade auf Reisen und suchen daher eine Couch. Dabei geht es an erster Stelle nicht um die Gratis-Übernachtung, sondern es werden weitaus noblere Ziele angestrebt, wie auf der Couchsurfing-Seite zu lesen ist:
„It's not just about finding free accommodations around the world – it's about participating in creating a better world.”

Ob dieses Vorhaben verwirklicht werden kann, sei dahingestellt. Doch fest steht, dass diese Art der Vernetzung einer weltweiten "Travel-Community" bisher funktioniert und sich unglaublich viele Leute bereit erklären, einem Reisenden nicht nur ihre Couch anzubieten sondern darüber hinaus auch noch ihre Stadt und Kultur näherzubringen. Jeder Teilnehmer kann Bewertungen über den jeweiligen Gastgeber bzw. Gast veröffentlichen, wodurch die Sicherheit weitgehend gewährt wird.

- www.couchsurfing.com
- www.hospitalityclub.org
- www.globalfreeloaders.com

Gestellte Unterkunft (vom Arbeitgeber)

Manche Arbeitgeber bieten ihren Arbeitnehmern eine „staff accomodation". Die Miete fällt hierbei oft vergleichsweise gering aus. Vor allem bei Stellen im Tourismus ist dieses Angebot geläufig, da es den Arbeitssuchenden in den touristischen Gebieten kaum möglich wäre, selbst eine bezahlbare Unterkunft zu organisieren. Die Unterkünfte sind gewöhnlich gemeinschaftlich geteilte Appartements, wobei oft ein Zimmer zu zweit bewohnt wird. Bei größeren Betrieben sind richtige Wohnsiedlungen, die ausschließlich von Mitarbeitern bewohnt werden, nichts Ungewöhnliches.
Wer WWOOFen geht, der wird zwar nicht bezahlt, hat aber von oft recht hübschen, manchmal außergewöhnlichen, ja zuweilen luxuriösen Unterkünften, auch tolle Bruchbuden oder einen Platz im Wohnwagen. Näheres zum WWOOFen unter dem entsprechenden Abschnitt.

Andreas Otto jedenfalls findet, trotz des geselligen Hostel-Lebens:
„Die entschieden beste Unterkunft ist die auf einer Farm. So bekommt man viel mehr vom Leben der Kiwis mit! Man wird in den täglichen Arbeitsablauf integriert und fühlt sich schnell zu Hause.

Ich selbst bin von meinen fünfeinhalb Monaten in Neuseeland ca. 3 Monate gereist und habe zweieinhalb Monate gearbeitet. Man sollte sich vorher aber sehr genau angucken, wo man landet. Ich bin auch schon mal nach nur einer halben Stunde bei einem Wwoofing-Platz wieder weggefahren, da mir der Host, ein Spät-Hippie aus San Francisco, einfach zu komisch war und ich mich nicht wohl fühlte.

Ein paar Hosts versuchten auch, mich auszunutzen, was ich von den Kiwis so eigentlich nicht kenne. Ich schätze, ich bin einfach nur an zwei, drei falsche Leute geraten.

Übrigens leben auch viele Deutsche in Neuseeland, die Wwoofing anbieten. Für manche mag es hilfreich sein, wenn man dann auch mal was auf Deutsch fragen kann – ich selber halte da allerdings nicht so viel davon. Ich war froh, auf einer echten Kiwi-Farm zu leben. Diese lag in der Nähe von Rangiora auf der Südinsel, und ich bin insgesamt immerhin neun Wochen geblieben. Ich fühlte mich wie ein Familienmitglied.

Eher durch einen glücklichen Zufall stieß ich auf die besagte Farm. Sie gehörte einem alleinstehenden Cowboy, der Pferde einritt und Reitstunden gab. Die Pferde standen bei unseren Nachbarn, wo sich meist auch das Leben abspielte. Sie waren auch sehr nett und nahmen mich freundlich auf.

Da ich nicht reiten kann, war es meine Aufgabe, das Haus in Ordnung zu halten: Reparaturarbeiten wie Streichen des Daches und Gartenarbeiten wie Rasen mähen, Büsche schneiden, Zaun flicken usw. Nichts, wobei man sich überarbeitet, aber ich hatte doch täglich etwas zu tun. Grundsätzlich wurde tagsüber gearbeitet, und abends ging es dann häufig in den Pub im Nachbarort, für ein bisschen Fingerfood und ein paar Tui, dem besten Bier Neuseelands. Es war echt schön, als nach ein paar Wochen dann alle meinen Namen kannten und mich stets, wenn ich in den Pub kam, begrüßten und fragten, was ich heute so gemacht hätte usw. Die Kiwis sind schon ein nettes Völkchen!"

Studentenwohnheime / Student accomodation

Inhaber einer ISIC können sich um ein Zimmer in einem Studentenwohnheim bemühen. Doch auch Nicht-Studenten können ihr Glück hier versuchen, da die Zimmer v.a. außerhalb der Vorlesungszeit auch an „normale" Leute vermietet werden.

Zelten

Gerade in ländlichen Gebieten ist Camping eine kostengünstige Unterkunftsmöglichkeit. Zu unterscheiden sind Caravanparks und Campingplätze. Erstere kommen mit Behaglichkeiten wie Rezeption, Gemeinschaftsküchen oder Barbecuestellen, Waschmaschinen, modernen Toiletten und Duschen fast luxuriös daher. Häufig sind auch günstige *cabins* zu haben.

Über 230 Campingplätze verteilen sich über das Land – von schlicht über solche mit Standardausstattung bis hin zu bewirtschafteten Plätzen. Einfache Campingplätze sind meist lediglich mit Toilette und fließendem

Wasser ausgestattet – das nicht selten in Form eines Bachs daherplätschert! Campingplätze mit Standardausstattung weisen dazu auch Mülleimer, Feuerstellen, Picknicktische und gute Zufahrtswege auf. Die luxuriöseste Variante ist auf den bewirtschafteten Plätzen zu finden, wo es neben fließend warmem Wasser, modernen Toiletten und Duschen, Waschmaschinen und einer Gemeinschaftsküche auch kleine Geschäfte und Strom auf den Stellplätzen zu finden sind.

Im Auto

Wildcampen ist in Neuseeland zwar nicht direkt verboten, aber auch nicht immer gerne gesehen, da in der Vergangenheit viel Müll usw. hinterlassen wurde. Der normale Europäer tut eben das, was er für normal hält. Man braucht nur irgendwo bei ins in der „Natur" umherzuspazieren, z.B. einem Bach oder Fluss entlang, um zu verstehen, was Sache ist. In Städten wird man häufig von der Polizei oder privaten Sicherheitsleuten gebeten, weiterzuziehen, wenn man den Camper auf Supermarktparkplätzen oder direkt auf der Straße abstellt. Auf dem Land sollte man, sofern Farmen oder Wohnhäuser in der Nähe sind, auf jeden Fall freundlich anfragen, ob der angepeilte Stellplatz für die Nacht in Bezug genommen werden kann.

Besser ist es, an einem richtigen Campingplatz zu übernachten. Die sind, wie erwähnt, zahlreich und in der spartanischen Ausstattung auch kostenlos.

Am bequemsten sind natürlich die VW-Busse oder Camper, die es auch tage- oder wochenweise zu mieten gibt. Im Folgenden ein paar Mietauto-Unternehmen, bei denen Camper und Minibusse günstig zu haben sind:

- www.escaperentals.co.nz
- www.wickedcampers.co.nz
- www.bedmobils.com

Sich wohlfühlen wie Zuhause

Neuseelandbesucher, insbesondere die „Freedom Camper", bemühen sich nach Kräften, es sich mit den Einheimischen zu verscherzen. Zu Beginn des Jahrs 2017 klagten viele über wilde Camper und überfüllte Wanderwege. Und auch sonst gefällt der Boom nicht jedem, denn im vergangenen Jahr stieg die Anzahl ausländischer Urlauber um zwölf Prozent auf 3,5 Millionen, darunter fast 100 000 Deutschen und damit die sechstgrößte Besuchergruppe.

Viele kommen zum Wandern, Favoriten sind die neun von der Naturschutzbehörde betriebenen Wandertouren, die Great Walks. Folge: Die Infrastruktur ist am Ende: Straßen, Parkplätze, Campingplätze und beliebte Naturschutzgebiete können laut Dachverband der rund 80 neuseeländischen Wandervereine, der Federated Mountain Club (FMC), den Ansturm kaum noch bewältigen. Die Hinterlassenschaften der „Freedom Camper", die mit ihrem Wohnmobil in Naturschutzgebieten statt auf dem Campingplatz übernachten, sorgen zunehmend für Unmut, da die Kosten der Müllbeseitigung und Reinigung von der Öffentlichkeit getragen werden. Die Naturschutzbehörde deckt nur etwa 5 % ihrer Ausgaben durch Gebühren, wohingegen Nationalparks in Australien, den USA oder Kanada rund 20 % ihrer Kosten durch Besucherabgaben ausgleichen. Im Gespräch sind nun eine „Wandermaut" oder Naturschutzsteuer für Touristen. Parkplätze in Nationalparks könnten kostenpflichtig gemacht oder die Wanderwege gar privatisiert werden.

Erfahrungsbericht Carolina

Von ihrem Leben im Van und auf Achse berichtet Carolina Klein:

„Schon vor meiner Reise hatte ich den Kauf eines Autos erwogen, um mobil zu bleiben. Wegen der Kosten entschied ich mich schließlich für den Bus. Neuseeland hat ein erstaunlich gut ausgebautes Netz an Verbindungen. Doch wie das Leben so spielt … Durch Zufall lernte ich an einem sonnigen Tag an einem See zwei Backpacker aus Frankreich kennen. Nach zehn Minuten Smalltalk boten sie mir an, mich eine Teilstrecke mitzunehmen, da wir in derselben Richtung unterwegs waren. Angebote dieser Art sind typisch für Neuseeland! Da ich jedoch noch nicht lange neuseeländischen Boden unter den Füßen hatte, überlegte ich einen kurzen Moment: zwei fremde Männer, ein Van – ob das gut geht? Doch die Abenteuerlust siegte und innerhalb weniger Minuten war ich Mitbewohnerin eines quietsch-blauen und geräumigen Vans namens „Rolf". Die nächsten vier Wochen waren eines der vielen Highlights meiner Neuseeland-Reise. Zähneputzen und morgendliches Frischmachen in den öffentlichen Toiletteneinrichtungen des Landes, Schlafen und Wohnen auf engstem Raum, Duschen in Schwimmbädern. All dies klingt unbequem und ungemütlich, ist aber alles andere als das – es ist die pure Freiheit! Wir konnten anhalten und übernachten, wo immer wir wollten, und hatten den Blick auf den unbeschreiblichen Nachthimmel Neuseelands, sternenübersät, inklusive.“

Hütten

Wem Zelt oder Auto zu unbequem sind, der hat mit dem gutausgebauten Hüttennetz eine angenehmere Schlafalternative. Das *Department of Conservation* (DOC) betreut ein Netzwerk von über 950 Hütten. Die Hüttenausstattung reicht von spartanisch (in manchen Fällen ist die Übernachtung dann gratis) bis bewirtschaftet. Vor der ersten Übernachtung ist in einem DOC-Büro oder im Internet ein Great Walk Ticket, Backcountry Hut Pass oder einfaches Hut Ticket zu erwerben, ca. 90 NZ$ für einen Sechsmonats-Pass und 120 NZ$ für einen Jahrespass. Pro Übernachtung ist mit 5-50 NZ$ zu rechnen, je nach Ausstattung der Hütte und Saison.

Näheres auf http://www.doc.govt.nz/, > Parks & Recreation, Places to stay, > und dann je nach Gusto z.B. > Stay in a Hut

Leibliches Wohl

Die Restaurantdichte und –vielfalt beeindruckt. Essengehen ist meist günstiger als in unseren Breiten und auch etwas entspannter. Selbst in Trekkinghosen ist man in netten Lokalen nicht fehl am Platz. Je nach Andrang stellt man sich zum Bestellen in eine Schlange; meist wird dann auch gleich bezahlt. Im Austausch erhält man ein Nummernschild, das man dann auf den Tisch stellt.

National- und Leibgericht sind wie in Großbritannien *Fish'n Chips* – kein Wunder als Inselstaat! Fastfood-Ketten sind weit verbreitet. Empfehlenswert ist das Subway, das ein viel reichhaltigeres Angebot als bei uns aufweist. In Fish and Chips-Imbissen isst man besonders günstig, ebenso mittags in vielen Pubs. Auf dem Land sind die *Tearooms* hervorzuheben. Außerdem gibt es viele Cafés, die an ihren Theken einfache Speisen wie Pizza, Sandwich oder Blätterteigteilchen anbieten.

Ein kulinarisches Highlight sind die Cookies in allen Spielarten. Hier sind auch Ketten zu empfehlen, z.B. *Mrs Higgins Cookies,* meist in den Städten zu finden. Zum Appetitanregen: www.mrshiggins.co.nz. Gegen Seekrankheit helfen übrigens Ingwerkekse, die es an allen Ecken zu kaufen gibt.

Was den Alkohol angeht – an Tankstellen wird man nicht fündig. Wein, Bier und Sekt sind wie hierzulande im Supermarkt erhältlich; Hochprozentigeres gibt es dagegen nur in „liquor stores“ bzw. „bottle shops“. Wer jünger als 25 Jahre aussieht, muss u.U. beim Alkoholkauf seinen Ausweis (Reisepass!) vorzeigen. Erlaubt ist der Kauf von Alkohol ab 18 Jahren; ein Mindestalter beim Konsum von Alkohol gibt es aber nicht.
Wer etwas essen oder trinken geht, muss leider feststellen, dass alkoholische Getränke teurer als hierzulande sind; im Allgemeinen kostet ein Bier oder ein Glas Wein fast doppelt so viel. Als Abhilfe einfach mal ein Ingwerbier trinken, das trotz des Namens keinen Alkohol enthält, dafür unglaublich lecker ist. Es kann aber auch günstiger kommen: Wer in Neuseeland Alkohol ausschenken möchte, benötigt dazu eine Lizenz. In vielen Restaurants, die diese Lizenz nicht haben, ist daher B.Y.O. (*bring your own*) angesagt, d.h. man darf seine eigene Flasche mitbringen und zahlt nur ca. 2 NZ$ „Korkengeld“.

Eine Warnung bezüglich der schlanken Linie hält *Carolina Klein* bereit: „Ein Phänomen, auf das ich mich dank Unwissenheit nicht vorbereiten konnte, ist die fast unvermeidliche Gewichtszunahme. Betroffen sind besonders weibliche Backpacker. Liegt es an den vielen unbekannten Leckereien in den neuseeländischen Supermärkten, ist aufgrund des ständigen Weiterreisens das Fehlen frischer Nahrung verantwortlich oder ist die für uns gewöhnungsbedürfte hohe Anteil an Brotverzehr schuld? Genau bestimmen lässt sich die Tatsache, warum vor allem Mädels beim Backpacken so stark zunehmen, nicht. Fest steht: Ein Großteil Neuseelandreisender tritt den Rückflug mit einigen Pfündchen mehr an. Bei meinem nächsten Mal werden mich Jogginghose und Sportschuhe begleiten, um sicher zu gehen, dass der beschriebe Effekt nicht noch einmal eintritt.“

Bankkonto

Ein neuseeländisches Bankkonto ist unverzichtbar, da so problemlos die Lohnschecks eingezahlt oder der Lohn überwiesen, Bargeld abgehoben und Überweisungen zwischen dem heimischen und neuseeländische Konto durchgeführt werden können.

Alle Banken bieten mehr oder weniger dieselben Leistungen, doch ist es ratsam, die Angebote zu vergleichen. Empfehlenswert ist ein Sparkonto (*savings account*), das auch Online-Banking ermöglicht. Die Bankkarte wird üblicherweise innerhalb von ein paar Tagen zugeschickt; mit ihr kann man an allen ATMs (Bankautomaten) Geld abheben. In vielen Geschäften ist die Bankkarte mittlerweile auch als Zahlungsmittel akzeptiert. Überweisungen aus Deutschland dauern ca. eine Woche.
Die am häufigsten vertretenen Banken sind folgende:

- www.asb.co.nz (ASB)
- www.anz.co.nz (ANZ)
- www.bnz.co.nz (Bank of New Zealand)
- www.kiwibank.co.nz (Kiwibank, Filialen bei der Post)
- www.westpac.co.nz (Westpac)

Kommunikationsmittel

Telefonieren

Die größten Telefondienstleister in Neuseeland sind *Telecom New Zealand* und *TelstraClear*. Es existiert ein gut ausgebautes Netz von Telefonzellen, von denen die meisten mit Kreditkarte und Telefonkarten und einige mit Münzen bedient werden. Telefonkarten gibt es bei Tankstellen, in Supermärkten, Zeitungs- und Buchläden zu 5, 10, 20 und 50 NZ$.
In Hostels steht meist ein Telefon zur Verfügung. Ortsgespräche sind häufig sogar kostenlos; man kann sich aber auch dort anrufen lassen.

Handy

Wer sich um eine Arbeitsstelle bemüht, muss ständig erreichbar sein. Ein Handy (*mobile phone*) ist also fast unabdingbar. Wer sein eigenes von Zuhause mitbringt, braucht sich nur noch eine Prepaid-Karte zu kaufen und gegen die deutsche SIM-Karte auszutauschen. Vertrieben werden die Prepaid-Karten in Supermärkten oder Zeitungsläden. Allerdings kommt bei einem mehrmonatigen Aufenthalt ein normaler Kartenvertrag u.U. günstiger, zumal das Guthaben der Prepaid-Karten oft nach einigen Monaten verfällt.

Wer von seinem Handy aus nach Europa telefonieren möchte, kauft sich am besten eine V8-Phonecard, die aber nur in Verbindung mit einer Vodafone Prepaid-Karte funktioniert. Für zehn Minuten zahlt man so knapp 40 Cent, plus einer Verbindungsaufbaugebühr von 19 Cent.
Wer dagegen lieber textet, sollte sich eine 2degrees-Karte kaufen. SMS nach Europa kosten damit lediglich 9 Cent, allerdings funktioniert sie nicht in Verbindung mit einer V8-Phonecard.

Neuseeländische Telefongesellschaften, die Prepaid-Karten und normale Verträge anbieten, sind bspw.:

- www.telecom.co.nz
- www.vodafone.co.nz

Telefonkarten

Wer ins Ausland telefonieren möchte, sollte sich *prepaid, international* oder *calling phonecards* kaufen (in Internetcafés, Telefonshops, Supermärkten oder Zeitungsläden), die ganz einfach per Kreditkarte aufgeladen werden.
Wer sich für eine Mitgliedskarte der BBH-Hostels entscheidet, erhält eine 20 NZ$-Telefonkarte dazu, was 400 Telefonminuten entspricht (neuseeländisches Festnetz ins deutsche Festnetz). Jedes BBH-Hostel verfügt über einen Festnetzanschluss. Die Nutzung ist denkbar einfach; Anweisungen befinden sich auf der Telefonkarte bzw. werden beim Anrufen angesagt.

Skype

www.skype.com
Kostenlos übers Internet telefonieren funktioniert sehr einfach über „Skype“. Praktisch für all diejenigen, die mit Laptop unterwegs sind und über Internetzugang verfügen (gratis Netzeinwahl gibt's in vielen Cafes und Hostels).

Selbst für technisch weniger Versierte wird das Herunterladen und Installieren des Skype-Programms ein Kinderspiel sein. Ist das erledigt, wird nur noch ein Kopfhörer mit Mikro benötigt (*headset*), und es kann mit allen anderen Skype-Benutzern überall auf der Welt gratis telefoniert werden. Mit Webcam kann man sich die Lieben zu Hause sogar auf dem Bildschirm angucken, besonders geeignet für Heimwehopfer. Und Chatten geht natürlich auch immer.
Zu beachten ist jedoch, dass nur das Telefonieren von PC zu PC kostenlos ist. Es ist zwar auch möglich, vom PC aus einen Festnetzanschluss anzurufen – dies ist jedoch kostenpflichtig und funktioniert nur nach Einrichten eines Guthabenkontos. Mit derzeit 1,7 Eurocent pro Minute ist so aber das weltweite Telefonieren dennoch sehr günstig.

Internet / E-Mail

Internet gibt es mittlerweile überall, auch in den entlegensten Orten. Allerdings ist es nicht günstig, da Neuseeland nur über ein Überseekabel mit der restlichen Welt verbunden ist, und Flatrates unüblich sind. Entsprechend gibt es auch wenige (kostenlose) drahtlose Internet-Zugangspunkte (Wireless LAN Hotspots). Stattdessen wird über Volumenrates abgerechnet. Dass die Internetverbindungen nicht die schnellsten sind, merkt man immer wieder mal bei Aufruf neuseeländischer Webseiten, die sich ungewöhnlich langsam aufbauen.

Hostels haben häufig münzbetriebene Surfstationen, die allerdings recht teuer sind, um die 7 NZ$ pro Stunde.
Günstiger kommt man in Internetcafés (*cyber café*) weg, die alle Naselang eröffnet werden und pro Stunde zwischen 4 und 5 NZ$ kosten. In vielen Bibliotheken ist die Nutzung des Internets für einen begrenzten Zeitraum möglich, zuweilen sogar kostenlos.

Wer den eigenen Laptop mitgenommen hat, kann meist, z.B. über einen Drittanbieter, im Hostel-WLAN-Netz online gehen. Dabei zahlt man, je nach Datenvolumen, gestaffelte Preise. Passende Anbieter sind zum Beispiel Zenbu und IAC. UMTS ist grundsätzlich auch möglich, allerdings ist der Empfang in den (in Neuseeland vorherrschenden) ländlichen Gegenden schlecht. Wer es dennoch versuchen möchte, dem sei die Vodafone-Prepaid-Card empfohlen, bei der 100 MB ca. 12 NZ$ kosten und 512 MB ca. 35 NZ$. Monatstarife sind auch möglich, z.B. 2GB zu ca. 70 NZ$ oder 4GB zu ca. 90 NZ$ pro Monat.

Eigene Internetseiten

Eine gute Möglichkeit, die Lieben daheim auf aktuellem Stand zu halten, ist eine eigene Webseite oder ein eigener Blog, der die Rundmails an Beliebtheit inzwischen überholt hat.

Anbieter von kostenlosen Webseiten gibt es mittlerweile zuhauf; drei der größten Web-Gemeinden sind Lycos Tripod, www.tripod.de, Yahoo GeoCities, www.geocities.com und MySpace www.myspace.com. E-Mail-Dienste wie Web.de oder GMX stellen auch kostenlose Online-Fotoalben zur Verfügung.

Wer sich nicht an eine eigene Website wagt, ist mit einem Blog gut bedient. Die Bedienung ist noch einfacher als die Einrichtung einer eigenen Seite, und wie ein Tagebuch listet ein Blog alle Einträge chronologisch auf. Durch die RSS-Funktion kann der Blog auch abonniert werden, so dass alle immer gleich über einen neuen Eintrag informiert werden.

- www.blogspot.com
- www.jimdo.com
- www.wix.com
- www.de.wordpress.com

Post

Eine Postanschrift zu besitzen, ist ein Muss für einen Work & Traveller. Schließlich benötigt man nicht nur bei diversen Behördengängen eine Zustelladresse (z.B. Eröffnung eines Kontos, Steuerbescheid, Steuernummer etc.), sondern möchte ja auch Post aus Europa empfangen.

Am einfachsten ist es, sich die Post postlagernd zukommen lassen, d.h. dass eingehende Schreiben und Päckchen bis zu einem Monat am Hauptpostamt eines bestimmten Ortes gesammelt und, gegen eine Gebühr, auch weitergeleitet werden. Zu adressieren ist eine postlagernde Sendung folgendermaßen:

Meike MEIER
Poste restante
Main Post Office
Auckland
1010
New Zealand

Näheres sowie die Postleitzahlen der Hauptpostämter auf www.nzpost.co.nz/home/receiving-mail/poste-restante

Senden

Neuseeländische Postämter sind in der Regel gut ausgestattet mit einer schönen Auswahl an Kartons, Briefumschlägen, Postkarten und Schreibwaren. Der schnellste Weg, ein Päckchen nach Europa zu senden, ist per *International Express* – ein (teurer) Kurier, bei dem der Versand lediglich 2-4 Tage dauert. Per *International Air*, also auf dem Luftweg, sind es 1-2 Wochen. Am günstigsten kommt man mit *International Economy* weg – dabei geht das Päckchen per Schiff auf die Reise, was allerdings auch mal gut 3-5 Wochen dauern kann.

Medizinische Versorgung

Das Gesundheitssystem teilt sich in ein öffentlich-staatliches und ein privates. Über das öffentliche, hauptsächlich über Steuergelder finanziert, können sich Neuseeländer kostenlos in öffentlichen Krankenhäusern, Tageskliniken und bei ambulanten Diensten kostenlos behandeln lassen. Ein Arztbesuch in einer Praxis muss jedoch aus eigener Tasche bezahlt werden, ebenso wie das Gros der Kosten von Brillen und Zahnbehandlungen. Auf nicht lebensnotwendige Operationen in öffentlichen Krankenhäusern ist oft lange zu warten, so dass sich Neuseeländer oft zusätzlich über eine private Zusatzversicherung versichern.

Erkrankte Reisende suchen zunächst einen Allgemeinarzt auf, den *General Practitioner* bzw. GP genannt, der einen im Bedarfsfall an einen

Fachkollegen überweist. Pro Arztbesuch ist mit 50 bis 70 NZ$ zu rechnen zzgl. etwaige Kosten für Medikamente. Die Quittung reicht man dann bei der Krankenversicherung ein.

Rezeptfreie Medikamente sind i.d.R. in Supermärkten erhältlich. Wer Medikamente nach Neuseeland einführt, sollte eine schriftliche Bestätigung vom Hausarzt daheim mitführen, da es sonst u.U. zu Schwierigkeiten beim neuseeländischen Zoll kommen kann.
Näheres zum Gesundheitssystem und eine Liste von Praxen und Kliniken auf www.everybody.co.nz.

Jobben

Ein entscheidender Teil des Work & Travel-Jahres ist das Jobben – schließlich will man sich auf diese Weise die Reise, wenn nicht ganz finanzieren, so doch sicherlich verlängern.

Stellensuche

Nach der globalen Wirtschaftskrise ist es auch in Ozeanien schwieriger geworden, einen Job zu ergattern. Trotzdem liegt die Arbeitslosigkeit in Neuseeland bei vergleichsweise niedrigen 5 bis 6 Prozent.

Natürlich kann es eine Weile dauern, bevor die erste Arbeitsstelle angetreten wird, doch früher oder später wird sich etwas finden – ganz bestimmt. Vorausgesetzt natürlich, dass man sich nicht zu schade ist, bei Erntejobs kräftig mitzupflücken oder auch mal als Putzkraft oder Kellner zu jobben.
Stehvermögen, gutes Schuhwerk, Geduld, Humor und Eigeninitiative werden bei der Stellensuche durchaus abverlangt. Doch nicht verzweifeln, wenn es zu Beginn nicht ganz so läuft, wie vorgestellt: ja, es kann unglaublich frustrierend sein, sich in einem fremden Land die Sohlen auf der Suche nach einer Arbeit durchzulaufen. Ja, Humor und gute Laune gehen da zwischenzeitlich auch mal flöten. Doch fündig werden irgendwann trotzdem alle.

So erlebte *Carolina* die Jobsuche:
„Zu Beginn meiner Reise habe ich konzentriert nach Jobs Ausschau gehalten und musste dann feststellen, dass viele Tätigkeiten wie Kellnern in Cafés einen Aufenthalt von mehreren Monaten an einem Ort voraussetzen. Da ich für meinen Aufenthalt nur sechs Monate zur Verfügung hatte und mich ungern an einen Ort binden wollte, stellte ich die Jobsuche schon nach kurzer Zeit ein und versuchte mich möglichst sparsam bzw. mit Wwoofen durchzuschlagen.

Meinen Job auf einem Weingut (vineyard) erhielt ich durch Zufall durch eine Job-Agentur. Es lohnt sich wirklich, regelmäßig in solchen Büros anzuklopfen und gezielt nach Jobs zu fragen. Von Servicekräften im Gastronomiegewerbe bis hin zu Helfern bei der Weinernte werden wirklich interessante Jobs vermittelt. Voraussetzung ist das Ausfüllen eines Formulars mit allgemeinen persönlichen Angaben. Ganz wichtig ist hierbei die Steuernummer! Bewerbungsschreiben sind äußerst selten, meist nur bei höher qualifizierten Tätigkeiten gefragt.
Die Bezahlung erfolgt in der Regel per Überweisung aufs neuseeländische Konto. Der Großteil der Arbeitgeber sorgt für eine zeitnahe Überweisung – andernfalls wäre ist es wichtig, am Ball zu bleiben: Das Geld steht Euch zu! In ganz kniffeligen Fällen helfen euch Organisationen vor Ort, die den Zahlungspflichtigen kräftig auf die Füße treten."

Nicole, die mittlerweile ganz in Neuseeland lebt, meint dazu:
„Es ist nicht immer und überall einfach, etwas zu finden, vor allem, wenn man jetzt und hier auf der Stelle eine Arbeit braucht. Man muss ein wenig Geduld beweisen und einfach suchen – die Arbeit sucht einen nicht, man muss sie finden!

Am allerbesten sind Saisonjobs, die in vielen Gegenden zu haben sind. Je nachdem, wo man sich gerade aufhält, fallen die Tätigkeiten auch ganz unterschiedlich aus. Aus meiner Gegend stammten z.B. die berühmten Zespri-Kiwis, die man auch bei uns daheim in den Geschäften findet.
Ich hatte die Stelle über mein Hostel erhalten; die Besitzer haben den Backpackern bei der Jobsuche geholfen und ihnen Tipps gegeben, wo man am besten nachfragt.

Bei Saisonjobs benötigt man keinen Lebenslauf, man geht einfach hin und fragt nach, und je nach Bedarf ist dann ein Formular auszufüllen u.ä.

Man kann in verschiedenen Bereichen arbeiten: die Früchte an den Bäumen und Büschen aussortieren (also die schlechten von den guten), die Zweige befestigen oder Früchte pflücken. Beschäftigung findet man auch im Packhouse, wo ich am häufigsten eingesetzt war. Ich saß an einem „grading table" und sortierte alle Kiwis, die über diesen Tisch rollten. Ich musste sie also den ganzen Tag in 1. und 2. Klasse einteilen – ein überaus lahmer und langweiliger Job. Aber von nichts kommt nichts, und so schlimm war es auch nicht. Ich habe mich gut mit den Arbeitern dort verstanden – die meisten davon übrigens Kiwis. Eine Zeitlang arbeitete ich auch im „packer"-Bereich und verpackte Kiwis in Boxen. Durch das Fließband ging alles ziemlich fix und während man sich eilte, ging die

Zeit wenigstens wirklich schnell rum. Kaum hatte der Tag angefangen, da war er schon wieder vorüber!
Vom Finanziellen her ist das Land keines, in dem ein Backpacker reich werden könnte, aber dazu kommt auch niemand her. Man kann sich mit einem guten Stundenjob aber mindestens eine Woche über Wasser halten und davon leben. Es reicht, um sich eine Woche Unterkunft, Essen und die eine oder andere Unternehmung zu finanzieren, und vielleicht auch hier und da ein neues Kleidungsstück o.ä. Es kommt halt immer drauf an, was man macht und wo und wie viele Stunden man arbeitet. Wer kein Geld mehr hat oder einfach sehr knapp bei Kasse ist, macht eh fast alles!"

Rund um die Bewerbung

Anschreiben

Bewerbungsunterlagen sind längst nicht so umfangreich und aufwändig wie bei uns. Sofern in der Stellenanzeige nicht anders verlangt, setzt sich eine übliche Bewerbung aus einem Anschreiben und einem kurzen Lebenslauf zusammen. Wer mag, kann auch noch ein oder zwei Empfehlungsschreiben (Referenzen) beifügen. Zeugnisse werden üblicherweise nicht beigelegt, können aber zum Vorstellungsgespräch mitgenommen worden (natürlich ins Englische übersetzt).
Bei Stellen außerhalb des Billiglohnsektors hat die Bewerbung schriftlich zu erfolgen; das Anschreiben (cover letter) ist möglichst immer an eine konkrete Person zu richten und zwar kurz und präzise, wobei Anlagen weitgehend verzichtbar sind. Fragen zu akademischen Abschlüssen wird der Arbeitgeber kaum stellen, einmal wegen des für ihn undurchsichtigen Benotungssystems, und ferner weil es ihn einfach mehr interessiert, ob der Kandidat zur Firma passt oder nicht. Der persönliche Eindruck wird entscheiden.

Ähnlich dem Lebenslauf sollte man auch das Anschreiben möglichst kurz halten. Am besten erstellt man für jede Bewerbung ein eigenes Anschreiben und wandelt nicht nur einen Standardtext ab. Neben einer Hervorhebung der Fähigkeiten und Berufserfahrung, die einen auf die ausgeschriebene Stelle qualifizieren, sollte man auch individuell auf das Unternehmen eingehen und das eigene Interesse an der Stelle herausarbeiten.

Im Folgenden ein Beispiel zum Aufbau eines Anschreibens:

Name des Arbeitgebers	Eigener Name
Ansprechpartner	Adresse
Straße	Adresse
Stadt, Provinz	Town
Postal Code	Postal Code
	Telefonnummer
	E-Mail-Adresse

Datum

Dear Mrs. / Mr. xxx,
(Hier: Um welche Stelle bewirbt man sich, und wie ist man auf die Stellenanzeige aufmerksam geworden?)

I am applying for the position of xxx in xxx as recently listed on the xxx-Job Site.

(Im Hauptteil werden Vorzüge, Stärken und Qualifikationen aufgezählt und eine Begründung, weshalb man sich für diese Stelle als geeignet erachtet. Auch vorherige Arbeitsstellen können erwähnt werden. Dem Arbeitgeber sollte ersichtlich werden, weshalb man sich um diese Stelle bewirbt. Auch das Working Holiday-Visum sollte erwähnt werden.)

(Im Schlussteil gibt man seiner Hoffnung auf ein Bewerbungsgespräch Ausdruck und erwähnt eventuell nochmals, wie sehr einen diese Stelle reizt.)

I hope to schedule an interview with you. Enclosed is my CV for your consideration. Thank you for your time. I am looking forward to your response.

Sincerely

Unterschrift

Lebenslauf

Zwei Dinge interessieren den Arbeitgeber: Berufserfahrung und Motivation. Die erste Frage des möglichen Arbeitgebers lautet erfahrungsgemäß: „Do you have your résumé with you?“ Ohne diesen wird man gleich wieder fortgeschickt.

Damit der Lebenslauf die gewünschte Wirkung erzielt, sollte man sich dazu etwas Zeit nehmen – einige Stunden wird das Ganze durchaus in Anspruch nehmen. Doch dafür hat man mit einem gut formulierten Résumé, der nichts Geringeres als den berühmten guten ersten Eindruck vermitteln soll, bei vielen Arbeitgebern bereits einen Stein im Brett und eventuell ein Vorstellungsgespräch in der Tasche.

Wie bei Lebensläufen im englischsprachigen Raum üblich, beginnt man – nach einer Auflistung der Kontaktdaten – am besten mit der aktuellen Situation. Das bedeutet, man listet alle beruflichen Erfahrungen in umgekehrter Reihenfolge auf – an erster Stelle steht also der zuletzt ausgeübte Job. Anschließend werden Studien- und Schulabschlüsse sowie besondere Qualifikationen (wie Computer- und Sprachkenntnisse) aufgelistet. Als letzten Punkt sollte man Referenzen angeben, also z.B. ehemalige Arbeitgeber oder Dozenten, möglichst mit Kontaktdaten. Insgesamt sollte der CV höchstens zwei Seiten lang sein. Ein Passfoto ist unüblich, ebenso wie Angaben zum Familienstand.

Gespeichert wird der CV am besten auf dem USB-Stick; zur Absicherung sollte zusätzlich eine Version an die eigene E-Mail-Adresse geschickt werden.

Je nach persönlicher Situation (Schulabgänger oder Berufstätiger mit viel Arbeitserfahrung) kann der Fokus auf unterschiedliche Faktoren gelegt werden. Schulabgänger und Hochschulabsolventen, die lediglich Gelegenheitsjobs aufweisen können, sind gut beraten, eher ihre Fähigkeiten herauszustreichen, u.U. auch ohne zeitliche Angaben.
Ältere Work & Traveller mit genügend Berufserfahrung fahren dagegen ganz gut mit einem klassischen chronologischen Lebenslauf mit den Berufserfahrungen im Mittelpunkt.

Im Folgenden je ein Beispiel-Lebenslauf:

Barbara Bell
35 Mansfield Street
Newtown, Wellington 6021
T.: 04 293 1234
Barbara.Bell@gmx.net

<u>Career objective</u>

To obtain a position as a graphic designer in a firm where I can use my talents to satisfy clients and build on the knowledge I have gained already to the company's and my mutual benefit.

Work Experience

20xx-20xx: Graphic designer, Keppler Medien (Heusenstamm, Germany)
Duties included:

- layout design
- creative consultancy (B2B, B2C)
- development and conceptual design of new print media

20xx-20xx Digital media designer, Paints Multimedia GmbH (Hamburg, Germany)
Duties included:

- support and development of customers' online projects
- art buying
- image editing
- CMS maintenance

2004-2006 Student assistant, AkdBK Nürnberg
Duties included:

- tutorial
- office work

Education and Training

(2002-2007) AkdBK Nürnberg (Germany) graphic design (diploma)
(1993-2002) Goethegymnasium Erlangen (Germany)Abitur (secondary school leaving examination)

Skills and abilities

Computer

- proficient in Adobe Illustrator, Photoshop, Dreamweaver, InDesign and Quark
- excellent command of MS Office

Languages

- Excellent command of German (mothertongue) and English
- Good command of the French and Spanish language

Hobbies and interests

- Computer design, horseback riding, sewing, painting

References

Available upon request.
Peter Marks
ACB - Auckland Central Backpackers
Level 3/229 Queen Street, Auckland Central
T. 09 358 4877
PeterMarks@hotmail.com

Zweiter Lebenslauf:

Career objective

To find a position where I can be an effective team member and possibly develop my English skills further.

Relevant skills and experience

Communication skills

- Excellent communication skills, through three years as student representative
- Strong team member skills, through five years at local soccer team
- Good customer service ethic, through supermarket work experience
- able to communicate well in writing

Organisational ability

- good attention to detail
- ability to concentrate well
- excellent planning and organising skills, including school gatherings and fundraising for soccer club

Work history

- 20xx: Summer job as assistant checkout operator, OBI Freiburg (home improvement store)
- 20xx: Temporary and casual positions, including checkout duties at supermarket, assistance of local gardener, construction work

Education

2001-2010 Droste-Hülshoff-Gymnasium Freiburg, Germany, Abitur (secondary school leaving examination)

Interests

Soccer, gardening, international travel

Vorstellungsgespräch / Interview

Wird man zum Vorstellungsgespräch („interview") eingeladen, ist dies allemal Grund zur Freude: Der Arbeitgeber ist interessiert und möchte sich gern vom Bewerber überzeugen lassen. Die perfekte Gelegenheit also, um sich selbst ins rechte Licht zu rücken und um ein Gefühl dafür zu bekommen, ob der Job für einen selbst überhaupt in Frage kommt.
Bei den meisten Arbeitgebern (in Restaurants, Coffeeshops, Hotels) wird das Interview oft spontan und in lockerem Rahmen abgehalten, weshalb weder viel Zeit zum Nervöswerden noch zur Vorbereitung bleibt. Daher ist es von Vorteil, wenn man sich über einige Fragen, die gestellt werden könnten, bereits im Voraus Gedanken gemacht hat.

Was Arbeitgeber meist wissen wollen:
Wird über Arbeitserfahrung auf dem Gebiet verfügt? Falls diese Frage mit Yes! beantwortet werden kann, wunderbar. Keine falsche Bescheidenheit an den Tag legen, sondern die eigene Qualifikation hervorheben, auch dann, wenn man selbst an dieser zweifeln sollte.
Wer diese Frage mit No beantwortet, der kann gleich ein stichhaltiges *but* (*I have a quick mind, love to work in new fields* etc...) anhängen. Schließlich fängt jeder mal an, und gerade im Dienstleistungssektor kann jede Tätigkeit recht schnell erlernt werden.

Welche Art der Arbeitserfahrung wurde gesammelt?
Hier möchte sich der Arbeitgeber einfach ein Bild von dem Erfahrungsbereich des Bewerbers machen, und auch über seine Einstellung zur Arbeit. Wer positiv von seinen ausgeübten Tätigkeiten spricht, vermittelt natürlich einen besseren Eindruck als derjenige, der jammert.

Wie lange hat man vor, zu bleiben?
Oft eine heikle Frage, da sich hier die Interessen des Arbeitgebers (der will natürlich jemanden über eine längere Zeit einstellen, damit sich auch die Einarbeitungsphase auszahlt) und des Work and Travellers (der will womöglich nach bereits zwei Monaten wieder weiterziehen) häufig im

Wege stehen. Lügen sollte man hierbei sicher nicht, doch auch vollkommene Aufrichtigkeit wäre fehl am Platz. Völlig okay ist es, wenn gesagt wird, dass man vorhabe, über eine längere Periode zu bleiben. Die spontane Entscheidung zur Weiterreise nach zwei Monaten wird kaum übelgenommen werden, allerdings sollte die Kündigung fairerweise mindestens zwei Wochen vor Arbeitende erfolgen. Vor allem bei Gelegenheitsjobs ist ein permanentes Kommen und Gehen des Personals üblich, und selbst die Manager begrüßen zeitweise diesen Wechsel, da v.a. bei stupiden Tätigkeiten neue Arbeitskräfte natürlich noch viel motivierter an die Sache herangehen als langfristig Frustrierte. Wer allerdings ohne ersichtlichen Grund nach wenigen Wochen kurzfristig kündigt, obwohl eine weitaus längere Zeitspanne vereinbart war, könnte das Vertrauen des Chefs derart missbraucht haben, dass sich dies auch für nachfolgende Work and Traveller negativ auswirken könnte. Derartige Folgen sollten stets bedacht werden.

Wird über eine Arbeitserlaubnis verfügt?
Das Working Holiday Visum dürfte vielen Arbeitgebern bereits ein Begriff sein; ansonsten sollte erklärt werden, dass es sich um ein einjähriges Visum für junge Leute handelt, das eine offene Arbeitserlaubnis garantiert.

Äußeres Auftreten

Kleider machen Leute, auch am anderen Ende der Welt; es versteht sich also von selbst, dass beim Vorstellungsgespräch die Klamotten relativ adrett und passabel sind, da das äußere Erscheinungsbild eben auch zum wichtigen ersten Eindruck beiträgt. Hier kommt es natürlich auch darauf an, um welchen Job und wo man sich bewirbt. Generell gilt, wie wohl überall auf der Welt: Großstädte und Tourismusgegenden für die oberen Zehntausend verlangen ein etwas schickeres Auftreten als ländliche Gegenden.
Dafür müssen Piercing und Tattoo gewöhnlich nicht verborgen werden, denn diese schrecken so schnell keinen Arbeitgeber ab (da dieser ohnehin mit hoher Wahrscheinlichkeit selbst davon übersät sein wird). Hotels und andere Tourismusunternehmen bilden hier jedoch meist eine Ausnahme, d.h. Piercings und Tattoos müssen unsichtbar bleiben.

Steuernummer / IRD Number

Die IRD Number ist gleich nach der Ankunft online (www.ird.govt.nz/forms-guides/number/forms-500-599/ir595-form-individualirdapp.html) oder persönlich bei der *Inland Revenue* zu beantragen. Ohne Steuernummer keine Arbeit. Die Adresse lautet:
Inland Revenue, Southern Processing Centre, PO Box 3752, Christchurch.
Folgende Nachweise sind einzureichen:

- Neuseeländisches Bankkonto, das Ein- und Auszahlungen zulässt (fully functional NZ bank account)
- Identifikationsdokumente wie Reisepass oder Intern. FS
- Nachweis über die derzeitige oder zuletzt gemeldete Anschrift (Personalausweis, Intern. FS. Dabei gelten nicht diesselben Dokumente wie beim vorstehenden Punkt?!) oder ein Kontoauszug, aus dem die Adresse hervorgeht). Es lebe die Bürokratie!
- einer über das Working Holiday Visum und schließlich
- ein Nachweis über die „tax identifier number", also die Steuerliche Identifikationsnummer

Letztere am besten vor der Abreise bereithalten oder sich vom Bundeszentralamt für Steuern zusenden lassen:
www.bzst.de, > Steuern National, steuerliche Identifikationsnummer, > Erneute Anforderung der IDNr.

Zugestellt wird die IRD-Number per E-Mail, mit dem Vorteil, keine feste Adresse angeben zu müssen.
Nachdem das Formular IR595 ausgedruckt und ausgefüllt ist, wird es an einer Prüfstelle gemeinsam mit Kopien des Reisepasses, des WH-Visums und der Geburtsurkunde abgegeben (letztere wird nicht immer verlangt). Zugelassene Prüfstellen sind Automobile Association (AA) Driver Licensing Agents und PostShops.

Bis zum Erhalt der Steuernummer vergehen in der Regel zwei Wochen. Man kann die Nummer aber bereits zuvor telefonisch unter T. 0800 227 774 erfragen.

Sie wird bei jeder Art von Arbeit benötigt. Vom Arbeitgeber erhält man vor Arbeitsantritt ein Formular zum Ausfüllen, das in etwa der deutschen Lohnsteuerkarte gleichzusetzen ist.

Das Steuerjahr endet am 31. März eines Jahres. Wer eine Steuererstattung wünscht, wendet sich am besten an einen Steuerberater (*Tax Agent*), der sich beim Work & Travel-Visum gut auskennt. Wer das Geld einsparen und sich selber durch Formulare und Bestimmungen kämpfen möchte, wird auf der folgenden Seite fündig (wo auch die IRD Number beantragt wird):

www.ird.govt.nz, > Individuals & Families, > Offshore Person, > Dann „IR742" suchen.

Erfahrungsbericht Carolina Klein:

„Vor der ersten Tagen in Auckland graute es mir ein wenig, denn zwei Dinge hatte ich daheim nicht vorbereiten können: Die Beantragung einer Steuernummer (essentiell, wenn man in Neuseeland arbeiten möchte) und die Eröffnung eines Bankkontos (ebenfalls nötig, wenn man einen offiziellen Job annehmen möchte).

Die Beantragung einer neuseeländischen Steuernummer verursacht keinerlei Komplikationen. Das nötige Formular kann man schon vor Abreise daheim ausdrucken. Hinzuzufügen ist lediglich eine Bescheinigung des Hostels über eine Wohnadresse (die Hostel-Besitzer helfen dabei gerne). Anschließend müssen die Unterlagen z.B. im Gebäude der örtlichen AA-Versicherung eingereicht werden, also dem neuseeländischen Pendant zum ADAC (New Zealand Automobile Association).

Bei der Eröffnung meines Bankkontos gab das Abkommen der neuseeländischen Westpac mit der Deutschen Bank den entscheidenden Ausschlag. Kunden der Deutschen Bank können mit ihrer EC-Karte kostenlos an jedem Automaten der Westpac Geld abheben. Um den Überblick zu behalten, bot es sich an, auch das neuseeländisches Konto für Jobeinnahmen bei der Westpac einzurichten. Eine gute Entscheidung, denn die Eröffnung des kostenfreien Online-Kontos vor Ort sowie die Auflösung am Ende meines Aufenthalts verliefen fix und problemlos."

Referenzen und Zeugnisse

Am liebsten ist den Neuseeländern Arbeitserfahrung im Land, weshalb man sich von jeder Arbeitsstelle in Neuseeland ein Zeugnis bzw. eine

Arbeitsbestätigung geben sollte, was die Jobsuche am nächsten Zielort vereinfacht.

Zeugnisse von zu Hause können mitunter hilfreich sein, bewirken auf Deutsch jedoch recht wenig, so dass eine Übersetzung unumgänglich ist. Dazu s. Abschnitt „Vor der Reise“, „Hilfreiche Dokumente“.

Letztere sind nicht unbedingt den Bewerbungsunterlagen anzufügen; gewöhnlich reicht auch der Vermerk „References available upon request“ zu Ende des Résumés.

Lohnauszahlung

Das Lohnniveau liegt gegenüber dem unsrigen niedriger. Der Mindestlohn, mit dem sich die meisten bei *casual jobs* zufriedengeben müssen, liegt seit 2016 bei 15,25 NZ$. Bei fast allen Saisonarbeitsstellen wird jedem Arbeitnehmer, der die zuvor festgelegte Arbeitsdauer (z.B. eine ganze Saison) einhält und nicht frühzeitig die Stelle aufgibt, eine Art „Treuebonus“ zu Ende des Arbeitsverhältnisses ausgezahlt. Hierbei werden pro Arbeitsstunde etwa ein bis zwei NZ$ zusätzlich verrechnet. Mit dieser Methode versuchen die Arbeitgeber natürlich, einem permanenten Wechsel von Arbeitskräften innerhalb einer Saison vorzubeugen.

Der durchschnittliche Backpacker-Lohn wird irgendwo zwischen dem Mindestlohn und 20 NZ$ pro Stunde liegen. Kellner, die in der Regel kein Trinkgeld erhalten, verdienen zwischen 15 und 20 NZ$, Lagerarbeiter 14 bis 17 NZ$, wer im Büro arbeitet (z.B. Dateneingabe) kann mit 17 bis 20 NZ$ rechnen, und Automechaniker mit 17 bis 22 NZ$.

Der Lohn wird i.d.R. alle 14 Tage aufs Konto überwiesen oder per *Pay Check* gezahlt. Mit diesem Lohnscheck marschiert man zur Bank, wo das Geld am Schalter direkt aufs eigene Konto gutgeschrieben wird. Auch an den Bankautomaten können die Lohnschecks bearbeitet werden; allerdings verzögert sich die Überweisung des Geldes dann um einige Tage.

Auf landwirtschaftlichen Betrieben wird oft Stücklohn gezahlt, also nach Menge des Pflückguts. So mancher Backpacker, der eine fixe Hand beim Apfelpflücken bewies, soll sich eine goldene Nase verdient haben. Von anderen hörte man, dass sie sich eher unter Mitnahme ihres Chefs umbringen wollten …

Zusätzlich zum Lohnscheck erhält jeder Arbeitnehmer einen Beleg über die geleisteten Stunden und die jeweilige Bezahlung. Diesen gut

verwahren, da er bei der späteren Steuererklärung bzw. dem Steuererstattungsantrag benötigt wird. Näheres zur Steuererklärung im nächsten Abschnitt.
Gleichzeitig lässt sich anhand dieses Beleges überprüfen, ob der Arbeitgeber auch tatsächlich alle abgeleisteten Stunden verrechnet hat. Es ist nichts Ungewöhnliches, dass Arbeitsstunden fehlen. Deshalb sollte jeder Buch über seine Stunden führen und sich bei den einzelnen Lohnauszahlungen die Mühe machen, diese zu prüfen.

Steuererstattung

Wie alle Lohnsteuerzahler bleibt leider auch der WH-Reisende nicht von der Steuer verschont. Allerdings besteht die Möglichkeit einen Antrag auf (teilweise) Erstattung der Einkommenssteuer (*tax return*) zu stellen, sofern im Vorjahr kein Einkommen vorlag. Wie das wirklich funktioniert, weiß kaum ein WHM, da die meisten weder ein Vermögen verdienen noch über die Disziplin verfügen, die benötigten Unterlagen zu sammeln, um zu gegebener Zeit ihre Lohnsteuerabrechnung einzureichen. Dabei ist es eigentlich gar nicht so kompliziert.

So funktioniert's:
Wer sich länger als 183 Tage im Land aufhält, ist steuerpflichtig. Ein großes Elend! Gewiss. Wer nur einen Teil der Zeit gearbeitet hat, kann einen Teil der Steuer u.U. zurückerhalten. Dazu ist über sämtliche Einnahmen Buch zu führen. Auf der Homepage der NZ Inland Revenue sind das IR3- und das IR50-Formular herunterzuladen und gemeinsam mit einer Kopie des Flugtickets (Rückflugdatum!) einzusenden.
Die Dokumente können telefonisch angefordert werden (T. 0800 227 774), liegen aber auch auf den folgenden Seiten bereit, bzw. über die Suchfunktion, falls sich der Link geändert hätte:

- www.ird.govt.nz/forms-guides/number/forms-001-99/ir003-form-individualreturn-2016.html (man sieht „2016" in dieser Zeile bzw. der Browserzeile. Bei den Folgejahren ist einfach nur die Jahreszahl abzuändern, um auf das neue Formular zu stoßen.)
- http://www.ird.govt.nz, > Individuals & Families, > File an income tax return

Es ist zu empfehlen, zusätzlich ein IR886-Dokument herunterzuladen, um die Steuerklasse zu bestimmen:

www.ird.govt.nz/forms-guides/number/forms-800-899/ir886-form-nz-tax-res.html

Wem das zu kompliziert erscheint, findet hier Unterstützung: www.refundnow.co.nz.

Arbeitsvertrag

Wie erwähnt liegen die Bruttogehälter generell deutlich unter den unsrigen. Zwar stehen den niedrigeren Löhnen auch niedrigere Lebenshaltungskosten gegenüber – auch Miet- und Immobilienkosten liegen tiefer – aber in den Städten ist das Leben insgesamt teuer.

Ein typischer neuseeländischer Arbeitsvertrag gibt Aufschluss über die folgenden Details:
duties and responsibilities, hours of work, holidays and sick leave entitlement, health and safety, salary and other payment, method of payment, pay review, company pension, pension fund, insurance, codes of conduct und redundancy.

Weiteres zum Arbeitsrecht, dem gesetzlichen Mindestlohn, Urlaubsvorschriften etc. auf den Seiten des Department of Labour: www.ers.govt.nz.

Jobagentur

(employment / job / recruitment agency)
Eine Reihe von Jobagenturen hat sich auf Rucksackreisende verlegt; wieder andere kümmern sich um besondere Berufsgruppen. Meist ist eine Mitglieds-, eine Vermittlungs- oder eine Bearbeitungsgebühr fällig.
Wer hier vorstellig wird, sollte nicht gerade in abgerissenen Klamotten aufkreuzen. Hier zählt, genau wie bei einem richtigen Vorstellungsgespräch, der erste Eindruck. Dazu gehört neben einer ordentlichen äußerlichen Erscheinung auch ein offenes und motiviertes Auftreten. Eine gute Vorbereitung ist ebenfalls gefragt: am besten hinterlässt man Lebenslauf und Zeugnisse – natürlich alles auf Englisch. Neben der Jobvermittlung helfen die Agenten bei der Beschaffung der IRD-Steuernummer, der Suche nach einer günstigen Unterkunft oder der Eröffnung eines Bankkontos.

Im Folgenden einige Jobagenturen, die sich auf Backpacker oder bestimmte Berufsgruppen spezialisiert haben:

- *Addstaff: work@addstaff.co.nz, www.addstaff.co.nz (Queenstown: T. 03 442 4307)*
- *Adecco: enquiries@adecco.co.nz, www.adecco.co.nz (Auckland: T. 09 309 4197)*
- *Advanced Personnel: www.advancedpersonnel.co.nz (Christchurch: T. +03 365 4322, Nelson: T. 03 548 0849, Invercargill: T. 03 214 5096, North Shore: T. 09 475 0005; kostenlose Hotline 0800 365 4322)*
- *Alpha Recruitment: www.alphajobs.co.nz (Büros in Auckland: T. 09 524 2336 und Wellington: T. 04 499 3270)*
- *Ask Martin Personnel: http://www.askmartin.co.nz/ (Büro in Auckland: T. 09 579 0991)*
- *Base: jobs@nzjs.co.nz, www.stayatbase.com/work (Büros in Auckland, Bay of Islands, Christchurch, Queenstown, Rotorua, Taupo, Wanaka und Wellington)*
- *Buzz Recruitment: www.buzzrecruitment.co.nz (Büros in Auckland: T. 09 9735 791, Christchurch: T. 03 3511 352 und Wellington: T. 04 9748 844)*
- *Canstaff: www.canstaff.co.nz (Büros in Christchurch: T. 03 348 9810, Ashburton: T. 03 308 7038, Timaru: T. 03 686 6807 und Oamaru: T. 03 434 5835)*
- *Enterprise Recruitment: www.enterprise.co.nz (Büros in Auckland: T. 09 306 2160, Christchurch: T. 03 365 3112, Hamilton: T. 021 02648080, Invercargill: T. 03 218 3146, Manukau: T. 09 375 7680 und Wellington: T. 04 568 0372)*
- *FRENZ: www.frenz.co.nz (Büro in Auckland: T. 09 303 3505)*
- *Hays: sm.auckland@hays.net.nz, www.hays-hps.co.nz (Büro in Auckland: T. 09 377 1123), Gesundheitswesen*
- *KPMG: www.kpmg.com/NZ/en/ (Büros in Auckland: T. 09 367 5800, Wellington: T. 04 816 4500, Christchurch: T. 03 363 5600, Hamilton: T. 07 858 6500 und Tauranga: T. 07 578 5179), Finanzen*
- *Manpower: www.manpower.co.nz (Büros in Auckland, Christchurch, Hamilton, Lower Hutt und Wellington)*

- *Providore Hospitality Staff: info@providore.co.nz, www.providore.co.nz (Büro in Auckland: T. 09 419 6313), Gastronomie*
- *randstad: www.randstad.co.nz (Büros in Auckland, Christchurch, East Tamaki, Hamilton und Wellington)*
- *Ryan Recruitment: www.ryan.co.nz (Büro in Christchurch: T. 03 365 0294)*
- *Sabre: www.sabrenz.co.nz/jobs/ (Büro in Wellington: T. 06 364 2176)*
- *Seasonal Jobs: www.seasonaljobs.co.nz*
- *Seasonal Solutions Co-Operative: www.jobscentral.co.nz (Büro in Alexandra, ca. 1h außerhalb von Queenstown)*
- *Tradestaff: www.tradestaff.co.nz (Büro in Christchurch: T. 0508 40 40 40), Industrie, Bau*

Working Hostels

Diese Hostels zeichnen sich dadurch aus, dass die Betreiber Kontakte im Umland haben, z.B. zu Besitzern von Obstplantagen oder Weingütern, die immer wieder Erntehelfer und landwirtschaftliche Einsatzkräfte benötigen. Auf diese Weise vermitteln die Hostelbesitzer Jobs an ihre Gäste und gleichzeitig Arbeiter an die örtlichen Farmer. Oft bieten sie auch Rabatte bei längeren Aufenthalten an, z.B. Wochenpreise.

In manchen Hostels gibt es auch einen morgendlichen Treffpunkt, an dem sich alle Arbeitswilligen versammeln. Der Farmer sucht sich dann seine Arbeitskräfte aus und fährt mit ihnen direkt zum Arbeiten. Das erinnert geradezu an frühkapitalistische Praktiken. Es fehlt nur noch, dass der Boss dem Neger das Maul aufreißt und das Gebiss begutachtet. Zuletzt mal gesehen in Novecento (1900) von Bernardo Bertolucci.

Die Hostels befinden sich meist in abgelegenen, ländlichen Gebieten. Man findet sie beim Stöbern in Reise- und Work&Travel-Foren. Da auch Abzocker und sonstige schwarze Schafe unter den Hostelbesitzern zu finden sind, sollte man sich die Bewertungen der anderen Reisenden zu Herzen nehmen.

La Mafia

Teils haben sich in letzter Zeit geradezu mafiöse Strukturen herausgebildet, ähnlich wie in Australien. Hostelinhaber und Arbeitgeber arbeiten Hand in Hand; ersterer hält seine naiven Gäste, denen die Bosheiten der Welt im Schutze ihrer Familien weitgehend verborgen blieben, möglichst lange in der Hoffnung auf bald freiwerdende Stellen fest: „Ja, in zwei, drei Tagen … Wenn das Wetter sich bessert …“ usw. usw.
Wer sich direkt bei einer Arbeitsstelle bewirbt, wird in ein befreundetes Hostel geschickt. Der eine dirigiert die Ahnungslosen zum anderen, unter der Hand laufen die Provisionen. Ein fröhliches, buntes Treiben.

Eine WH-Reisender schrieb mal: „Hey, Leute, überlegt es euch zweimal, denn wer auf den Verdienst angewiesen ist, kann sich seine „holidays“ ganz schön vermiesen. Konkurrenz noch und nöcher, ein Kommen und Gehen, Ausbeutung per Stücklohn, Akkordarbeit und einfach schlechte Bedingungen“.

Erfahrungsbericht Malaika Munk

Von ihren Erfahrungen beim Work & Traveln in Aotearoa, dem Land der weißen Wolke, berichtet *Malaika*:

„Wie kommt man darauf, ausgerechnet nach Neuseeland zu fliegen? Diese Frage ist so ziemlich die häufigste, die mir gestellt wurde. Die Antwort ist recht simpel: Von den Ländern, die mich interessieren, ist Neuseeland am weitesten weg. Der Entschluss, ins Ausland zu gehen, stand eigentlich schon lange fest – nur fehlte das Geld. Auch wenn vieles am anderen Ende der Welt günstiger ist: Mit den vorgeschriebenen 2500 Euro, die ggf. bei der Einreise nachzuweisen sind, kommt man nicht weit.“

Malaika entschied sich dazu, den Aufenthalt von einem speziellen Work&Travel-Anbieter organisieren zu lassen:

„Die Vorbereitungen verliefen dank meines Organisators sehr einfach; ich konnte jederzeit anrufen und Fragen stellen, wurde mit vielen Informationen und hilfreichen Tipps versorgt. Zwar kommt das so ein wenig teurer, aber es erspart eine Menge nerviger Arbeit.“

Ihre Reise trat Malaika im Februar gemeinsam mit zwanzig weiteren jungen Menschen an.

„24 Stunden Flug, vier Stunden Zwischenstopp in Seoul, Korea. Dank der Zeitverschiebung von 12 Stunden kamen wir erst am übernächsten Tag gegen 11 Uhr an. Ein ganzer Tag war plötzlich entschwunden!"

Ihre Ankunft in Auckland beschreibt Malaika folgendermaßen:

„Es ist, als beträte man eine völlig andere Welt. Gestartet bei -16°C, angekommen bei +25°C. Wirklich *alles* war anders; allein die Luft, die man dort atmet, kommt einem viel frischer und sauberer vor. Plötzlich reden alle nur noch Englisch, die Autos fahren auf der linken Seite, die Menschen verhalten sich viel freundlicher zueinander …

Unsere Truppe wurde schon erwartet. Mit dem Bus ging es erst einmal zum Mount Eden, einem alten, die Stadt überragenden Vulkan, der einen tollen Ausblick beschert. Weiter ging es zum ersten Hostel; die ersten zwei Nächte waren von der Organisation schon gebucht. Am nächsten Tag gab's einen Einführungskurs bei der neuseeländischen Partnerorganisation und einen Haufen hilfreicher Unterlagen. Nachdem alles Wichtige geregelt war, Bankkonto eröffnet und Simkarten freigeschaltet, wurden wir in die Freiheit entlassen. Auf uns allein gestellt, gab es erstmal ein kleines Stimmungstief. Plötzlich gab es keinen festgelegten Plan mehr; nur wenige von uns wussten genau, was sie als erstes sehen wollten. Langsam löste sich unsere große Gruppe auf. Einige zogen alleine los, andere taten sich zu zweit, dritt oder viert zusammen. Innerhalb einer Woche hatten wir uns alle irgendwie organisiert. Ich kaufte mein erstes eigenes Auto und fuhr zusammen mit drei anderen ins Northland, die Ostküste hoch, zum Cape Reinga und an der Westküste wieder zurück. Weiter ging es über die Coromandel Peninsula schließlich nach Mount Maunganui.

Dort lebte ich zum ersten Mal längere Zeit in einem Hostel. Sehr klein, aber einfach eine tolle Atmosphäre. Brasilianer, Argentinier, Engländer, Schotten, Franzosen, Deutsche und noch einige andere Nationalitäten waren vertreten. Ich schlief mit acht Kerlen unterschiedlichster Nationalität in einem Zimmer, da der Übernachtungspreis umso günstiger kam, je mehr Betten im Raum waren.

Das Leben im Hostel erinnerte ein wenig an eine Jugendherberge, nur dass die „Kinder" alle schon ein wenig älter waren (zwischen 18 und 60 hab ich so ziemlich alles gesehen) und für sich selbst die Verantwortung übernehmen mussten. Glücklich war, wer ein eigenes Auto besaß, denn Privatsphäre hatte man im Hostel nur, wenn man viel Geld für Einzel- oder Doppelzimmer ausgab."

Ihren ersten Job auf einer Kiwiplantage erhielt Malaika durch das Hostel.

„Der Deal war simpel: Das Hostel vermittelte die Jobs, und im Gegenzug mussten wir Backpacker für die Dauer des Jobs in dem Hostel wohnen. Die Arbeit selbst bestand darin, unter den Bäumen durchzulaufen und alle Kiwis zu pflücken und in einer großen Bauchtasche zu sammeln, bis diese voll war. Die Taschenladungen kamen dann in eine Holzkiste, „*bin*“ genannt. Pro Kiste gab es um die 16 neuseeländische Dollar, abhängig von der Größe der Kisten. Das Geld wurde dann auf alle Teammitglieder aufgeteilt, so dass man zu Ende des Tages mit gut 150 NZ$ nach Hause gehen konnte.

Es wurde allerdings nicht im Regen gearbeitet, da sonst die Kiwifrüchte in der Holzkiste vergammeln wären. Dementsprechend hing ich drei Monate dort fest – bei dem wunderschönen Strand und den tollen Leuten hielt sich meine Motivation, etwas Neues zu suchen, aber auch arg in Grenzen!“

Nach der Saison begab sich Malaika im Internet auf Jobsuche, und fand über das Backpackerboard eine Stelle als Aupair.

„Freitags rief ich an, Montagabend kam ich dort an. Wir hatten uns auf zwei Monate geeinigt, da ich dann Besuch aus Deutschland bekommen sollte.

Das Leben in einer Familie hier ist eigentlich wie überall, gleichzeitig aber auch komplett anders. Meine „Familie“ bestand aus den Eltern, vier Kindern von sechs Monaten bis drei Jahren, ferner einem Hund, einigen Hühnern, drei Kühen, ca. 15 Schafen sowie haufenweise Olivenbäumen. Die Mutter arbeitete als Lehrerin, der Vater draußen auf der Farm, und ich bespaßte die Kinder. Die Erklärung meines Jobs war sehr simpel: „Just be here and make yourself a comfy home“, was soviel bedeutete wie „Sei einfach da und fühl dich wohl.“

Es war mit Abstand die schönste Zeit meines Lebens, die Kinder waren vertrauensvoll, gut erzogen und die Eltern einfach sympathisch. Von gemeinsamen Pub-Besuchen über gemeinsames Flaschenlamm aufziehen, Bonecarving und Ausflügen mit den Kids verging die Zeit wie im Flug. Der Abschied fiel schwer, aber ich landete später noch öfter wieder bei “meiner“ Familie.“

Mit ihrem Besuch aus Deutschland fuhr Malaika von Auckland aus über die Nordinsel.

„Für mich war es das zweite Mal, da ich vorher schon mit einer Freundin neun Tage herumgereist war, aber ich könnte auch noch hundert Mal die Nordinsel bereisen! Nach verschiedenen Zoos, ganz vielen Stränden, Wasserfällen, Glühwürmchenhöhlen und vielen kalten Nächten im Auto – immerhin war mittlerweile Winter – fuhren wir schließlich mit der Fähre auf die Südinsel. Im Gegensatz zum grünen, hügeligen sanften Norden ist die Südinsel eher wild, schön und atemberaubend. Riesige Berge, Dschungel, wilde Strände. Wir fuhren über die Westküste in den Süden, über den Haast-Pass nach Osten und verabschiedeten uns wieder in Christchurch.

Christchurch ist für mich die schönste Stadt in Neuseeland, sehr englisch gehalten und mit viel Grün ausgestattet. Wenn es nur keine Erdbeben gäbe … 2011 starben 185 Einwohner, 2015 und 2016 rumste es erneut. An die Beben musste man sich dort zwangsläufig gewöhnen, denn allein in den zwei Wochen, die ich dort war, erlebte ich mindestens fünf Stück."

Nachdem sie ihr Auto verkauft und ihre Aupair-Familie noch einmal ausgiebig besucht hatte, flog Malaika im Dezember zurück in die Heimat.

„Für mich war es ganz gewiss die bisher schönste und aufregendste Zeit meines Lebens. Es ist klasse, wie viele Menschen man kennenlernt! Auch wenn die Lebensmittelpreise dort deutlich höher liegen als bei uns – irgendwann werde ich dorthin auswandern!"

Walk Ins / An Türen klopfen

Jobs findet man oft „auf der Straße", denn eine hocheffiziente Art der Stellensu-che ist es, ganz einfach zu Fuß sein Glück zu versuchen. Auf einer belebten Straße mit vielen Geschäften, Bars, Cafés und Restaurants wird es auch viele Jobangebote geben – und die finden sich normalerweise in keiner Stellenanzeige! Kellner, Küchen- und Barpersonal, Köche und Verkäufer werden hier hauptsächlich gesucht.

In vielen Läden hängt an der Tür oder am Schaufenster ein Schild: „Now Hiring", in großen Lettern, kaum zu übersehen. Also einfach mal eintreten und nach dem Manager fragen. Mit dem fertigen Résumé in der Hand und einem Lächeln im Gesicht wird diesem dann voller Enthusiasmus die absolute Bereitschaft zur Arbeit erklärt. Mit etwas Glück wird gleich vor Ort ein Vorstellungsgespräch stattfinden oder ein Termin vereinbart. Ist der Manager nicht zu sprechen, erkundigt man sich freundlich danach, wann er zu sprechen sei und kehrt zu gegebener Zeit nochmals zurück. Der direkte Kontakt zu dem Manager ist hier das Wichtigste, da er oder sie diejenige Person ist, die einstellt. Der bloße Kontakt zu Angestellten und das Hinterlassen des Résumés werden nicht viel bewirken.

Beharrlichkeit führt oft zum Ziel: Wer sich nicht abwimmeln lässt und mehrmals "vorbeischaut", der vermittelt echte Arbeitswut, was einen Arbeitgeber schnell beeindruckt. Auch Eigeninitiative wird vorausgesetzt: Sagt beispielsweise ein Manager, er melde sich, so wird damit oft verlangt, ihm damit zuvorzukommen.

Nach spätestens zwei oder drei solcher Walk Ins wird man den Dreh raushaben und vor allem merken, dass neuseeländische Arbeitgeber meist überaus freundlich auf Arbeitsuchende reagieren.

Auch lohnt es sich, in Läden, Coffeeshops und Geschäften ohne „Hiring"-Schild nach Arbeit zu fragen, da viele Unternehmen permanent Arbeitskräfte einstellen.

Auch Jobs auf dem Bau („construction work") oder im Hotelgewerbe finden sich häufig direkt vor Ort, weshalb auch hier die Walk Ins empfehlenswert sind.

Kleiner Tipp: Ein offenes: „No, we don't want you / need you / like you" wird man hier selten vernehmen. Die Aufforderung, man solle es in einiger Zeit noch einmal versuchen, ist oft die direkteste Absage, die zu erwarten ist. Allerdings muss einen das nicht davon abhalten, tatsächlich in einiger Zeit wieder vorbeizuschauen: denn, wie bereits erwähnt, Beharrlichkeit zahlt sich eben aus.

Stellenbörsen im Internet

Jobbörsen im Internet stellen eine zuverlässige Quelle bei der Jobsuche dar, da die meisten Arbeitgeber ihre Stellen online anbieten. Es existieren inzwischen eine Unmenge davon.

Hier eine Auswahl:

- Automotive Employment:
http://jobs.automotiveemployment.co.nz/, Alles rund ums Auto
- Backpackerboard: www.backpackerboard.co.nz/
- BBHNZ: www.bbh.co.nz
- Best Jobs NZ: www.bestjobs.co.nz
- Careerjet: www.careerjet.co.nz

- careerServices: www2.careers.govt.nz/
- CRS Recruit: www.crsrecruit.co.nz
- Debbie Graham and Associates: http://dga.nz/, Finanzwesen
- Farmnews: www.farmnews.co.nz
- Job Co: www.job.co.nz
- Job Universe: www.jobuniverse.co.nz
- JobIsland: http://nz.jobisland.com/
- Jobseeker: https://nz.jora.com
- New Zealand Job Search: www.newzealand-jobsearch.com/
- NZ Herald: http://jobs.nzherald.co.nz/
- PickNZ: www.picknz.co.nz, Erntearbeiten
- Psych-Recruitment: www.psych-recruitment.com, Psychologie
- recruit.net: http://newzealand.recruit.net/
- Recruitme: www.recruitme.net.nz
- Seasonal Jobs: www.seasonaljobs.co.nz
- seasonalwork: www.seasonalwork.co.nz
- SEEK: www.seek.co.nz
- Tip Top Job: http://nz.tiptopjob.com/
- TNT: www.tntdownunder.com/jobs-search.html
- Work and Income: https://www.workandincome.govt.nz/
- Working in New Zealand: www.workingin-newzealand.com
- Your for Jobs: www.yourforjobs.com

Fachzeitschriften

IPENZ

Die Zeitschrift für Ingenieure hält unter "Employment" eine Reihe nützlicher Tipps für ausländische Jobsuchende bereit, von „Engineering Jobs“ und „Directory of recruitment consultants“ über „Immigration“ und „Support for members with employment issues“ bis hin zu „IPENZ Remuneration Survey“. Die Zeitschrift ist wöchentlich zu beziehen, auch als PDF.

SAFEGUARD

Die Zeitschrift befasst sich mit Neuigkeiten und Jobangeboten im Gesundheits- und Sicherheitgewerbe und erscheint sechsmal im Jahr. www.safeguard.co.nz.

Jobvokabular

Oberbegriffe

Accounting: Buchhaltung
Administrative: Verwaltung
Clerical: Büro
Construction work: Bauarbeiten
Consulting: Beratung
Culinary: Küchenjobs
Customer Service: Kundendienst
Food and Beverage Services: Gastgewerbe, Restaurantbetrieb
General labour: Aushilfstätigkeiten aller Art
Hospitality, travel, tourism: Gastgewerbe, Reise, Tourismus
Manufacturing: Industrie/Produktion
Retail: Einzelhandel

Jobarten

Bartender: Barkeeper
Cashier: Kassierer
Carpenter, cabinetmaker: Schreiner
Journeyman: Handwerker, Wandergeselle
Deli counter clerk: Verkäufer im Supermarkt an der Theke
Dish washer: Tellerwäscher
Front desk: Rezeption
Food and beverage server: Kellner
housekeeper, room attendant: Putzkraft im Hotelwesen, Zimmermädchen
Lift attendant, Lift operator: Fahrstuhlführer
Line Cook/chef: Koch
Maintenance: Instandhaltung, „Hausmeisterarbeit“
Night auditor: Nachtrezeptionist

Waiter/waitress: Kellner/Kellnerin
Warehouseman/-woman: Lagerist/Lageristin
Welder: Schweißer
Prep cook: Hilfskoch
Retail sales associate, salesperson, clerk: Verkäufer im Einzelhandel
Ticket agent: Ticketverkäufer
Tour guide: Reiseführer, Reiseleiter
Valet: Diener, meist in Hotels, Restaurants, Casinos

Begriffe in Stellenanzeigen

Approx. (approximately): ungefähr
Appt. (appointment): Termin
ASAP (as soon as possible): baldmöglichst
Asst. (assistant): Assistant
Avail. (available): vorhanden, verfügbar
Cas. (casual): gelegentlich
CBD (Central Business District): Innenstadt
Comm. (commmission): Provision
CV (curriculum vitae): Lebenslauf
Des. (desirable): wünschenswert
DOB (date of birth): Geburtsdatum
Enq (enquire): anfragen
Essent. (essential): unbedingt notwendig, unverzichtbar
Exp. (experience): Erfahrung
Exp'd (experienced): erfahren
Experience an asset: Erfahrung von Vorteil
f/t (full time): Vollzeit
hrs (hours): Stunden
immed. (immediate): sofort, unmittelbar
int. (interview): Vorstellungsgespräch
jnr (Junior): jünger, untergeordnet
nec. (necessary): erforderlich, notwendig
neg. (negotiable): verhandelbar
no WHM (no Working Holiday Makers): keine Backpacker
Pa (per annum): pro Jahr
Perm. (permanent): fest, ständig, dauerhaft
Pref. (preferred): bevorzugt
Prev. (previous): vorherig, vorhergehend

Pt. (part-time): Teilzeit
Pw. (per week): wöchentlich
Qual. (qualifications): Eignungen
Refs. (references): Empfehlungen
Req'd (required): verlangt
Rest. (restaurant): Restaurant
Salary: Lohn
Temp. (temporary): befristet, kurzzeitig
Trng. (training): Ausbildung, Training
Vacancy: zu vergebende Stelle
Wk (week): Woche
Wpm (words per minute): Wörter pro Minute
Yr (year): Jahr

Arbeitsfelder und Arbeitsorte

Tourismusbranche

Hotels, Hostels und Resorts stellen eine wahre Fundgrube an Jobmöglichkeiten dar. Ein Riesenpluspunkt bei diesen Arbeitsorten ist die oft atemberaubende Landschaft in der Umgebung. Selbst wenn die Tätigkeiten also wenig berauschend sind, wird man seine Freizeit umso mehr genießen können. Generell wird die Unterkunft vom Arbeitgeber gestellt, wobei ein eigenes Zimmer eher die Ausnahme ist.

Housekeeper, Kellner, Barkeeper, Nachtportiers, Küchenhilfen und Rezeptionisten werden hauptsächlich von Hotels gesucht. Eine Ausbildung im Hotelfach ist nicht nötig, um in diesen Bereichen zu arbeiten. Große Unternehmen wie teure Hotelketten legen allerdings viel Wert auf Etikette und wählen ihr gesamtes Personal äußerst bedacht aus. Ein (übersetztes) polizeiliches Führungszeugnis (*criminal record check*) und einige Referenzen werden oft verlangt. Ohne jegliche Arbeitserfahrung oder Referenzen ist es hier verdammt schwer, eine Stelle zu ergattern.

Als Zimmermädchen oder auch Zimmerjunge (*Housekeeper*) wird man am einfachsten eine Stelle bekommen, wobei meist keinerlei Vorkenntnisse verlangt werden. Bettenmachen, Zimmerreinigung, Wischen und Staubsaugen sind die typischen Tätigkeiten, die einiges an Beweglichkeit, Flinkheit und Wendigkeit abverlangen, da nicht getrödelt werden darf und unter ziemlichen Zeitdruck gearbeitet wird. Dafür wird oder bleibt man während dieser Arbeit richtig sportlich.

Rezeptionisten (*Front Desk Clerks*) müssen tadelloses Englisch sprechen und generell auch über Erfahrung in diesem Arbeitsbereich verfügen; wer jedoch mit weiteren Sprachkenntnissen aufwartet oder über einschlägige Computerkenntnisse verfügt, hat auch ohne Erfahrung gute Chancen auf eine Anstellung. Gäste bzw. ganze Reisegruppen einzuquartieren und zu verabschieden, Reservierungen (per Telefon und Computer), Lob und Beschwerden entgegenzunehmen, Small Talk zu pflegen – als Rezeptionist sollte man all das beherrschen und dazu über ein relativ offenes und stressresistentes Gemüt in Bezug auf Menschen verfügen. Auf ein angenehmes Erscheinungsbild wird hier mehr als bei anderen Tätigkeiten geachtet. In großen Hotels ist der Empfang auch während der Nacht durch den *Night Auditor* besetzt; im Falle der Fälle müssen Probleme wie verstopfte Toiletten, fehlende Handtücher, verlorene Schlüssel und ähnliches gelöst werden; ansonsten geht es vor allem ums Wachbleiben und Präsenz.

Viele Backpacker finden auch eine Beschäftigung im Hostel. Auch hier kann hauptsächlich als Rezeptionist oder Housekeeper gedient werden. Wer die laute und fröhliche Atmosphäre im Hostel schätzt und nichts gegen permanentes Kommen und Gehen unzähliger Gäste hat, der wird hier eine schöne Zeit verleben und dabei auch viele Leute kennenlernen. Geduld und Offenheit sind ein Muss, da es vor allem in den Hochsaisonen hektisch und turbulent zugehen kann. Ausgezeichnetes Englisch ist bei einer Anstellung als Rezeptionist auch hier Voraussetzung. Die Unterkunft wird immer gestellt, wobei man im schlechtesten Falle ein Bett in einem der Schlafsäle, im besten Fall ein Zweibettzimmer bekommt.

Auch besteht häufig die Möglichkeit der Arbeit gegen Unterkunft, wobei etwa drei bis vier Stunden pro Tag, z.B. im Housekeeping-Bereich, ohne Bezahlung gearbeitet wird; die Unterkunft ist dafür gratis.

Gastronomie

(Hospitality)

Die Gastronomie ist ein weites Feld: vom Bedienen im Nobelrestaurant bis hin zum Bratwurströsten im Grill; es gibt unzählige Möglichkeiten, seinen Lebensunterhalt in diesem Bereich zu verdienen. Oft hängt es von den eigenen Vorlieben und auch vom Erfahrungsbereich ab, in welcher Sparte man am ehesten unterkommt.

Bei *Bartendern* und *Kellnern* wird Arbeitspraxis nicht immer, jedoch häufig verlangt. Bei dem Job als Barkeeper sind mitunter starke Nerven und eine überschwängliche Liebe zu (betrunkenen) Menschen nötig. Das Arbeitsklima hängt natürlich stark von den Gästen und damit von dem Arbeitsort ab: In einem überfüllten Irish Pub werden sich einem andere Herausforderungen stellen als in einer noblen Hotelbar. Doch ganz egal wo, langweilig ist diese Tätigkeit sicher nicht. Durch das häufig großzügige Trinkgeld können Bartender recht schnelles Geld machen. In einigen Regionen wird eine bestimmte Lizenz zum Ausschenken von Alkohol benötigt. Der jeweilige Arbeitgeber wird dazu genaue Angaben machen können und eventuell bei der Erlangung des Zertifikats behilflich sein. Siehe auch http://www.serviceiq.org.nz/, > LCQ.

Der Tellerwäscher (*Dishwasher*) verbringt seinen Arbeitsalltag in einer meist kleinen, dampfigen, viel zu heißen Küche vor einer großen Geschirrspülmaschine. Dreckiges Geschirr, Essensreste und Abfälle sind die Themenschwerpunkte dieser Tätigkeit. Sicher gibt es angenehmere Arbeiten als diese, doch zumindest bleibt hier die Langeweile aus, da immer etwas zu tun ist. Das Essen ist dafür dann meist gratis, und oft wird der Tellerwäscher auch in kleinere Prozesse der Essenzubereitung miteinbezogen.

Hilfsköche (*Prep Cook, Kitchen Hand*) fungieren als helfende Händchen des Kochs, indem diverse Vorbereitungen wie Gemüseschnippeln ausgeführt, kleinere Speisen wie Salate und Desserts zubereitet und sonstige Küchentätigkeiten erledigt werden. Auch unschönere Aufgaben wie Geschirrspülen, Putzen und Müll herausbringen gehören dazu. Oft werden Hilfsköche in Bistros, Sandwich-Läden, Cafeterias, Kantinen, Restaurant- oder Fastfoodketten eingestellt, in denen viele Hilfskräfte zur Zubereitung einfacher Speisen und zur Essenausgabe benötigt werden. Der Aufgabenbereich ist hier breit gefächert und besteht aus einer Mischung zwischen Verkauf, Kundenservice und Essenzubereitung, wobei auch hier Tätigkeiten (etwa Putzen etc.), die gerade anstehen, zu erledigen sind.

Skijobs

Hauptsächlich auf der Südinsel liegen verschiedene Skiorte, in denen auch Backpacker immer wieder einen Job finden, z.B. in Queenstown oder Wanaka. Auf der Nordinsel befindet sich ein Skigebiet um Mount Ruapehu.

Neben den üblichen Stellen in Bars, Pubs, Restaurants, Geschäften, Hotels etc. sind durchaus auch immer wieder Jobs als Skilehrer zu haben. Zur Wintersaison werden normalerweise ab Januar Bewerbungen entgegengenommen.
Stellen in Queenstown lassen sich auf www.nzski.com finden, während Treble Cone (www.treblecone.com/Employment/) für Wanaka zuständig ist. Mount Ruapehu-Stellen werden ausgeschrieben auf
http://mtruapehu.com/winter/employment/.

Aupair

Es gibt zwar kein reguläres Aupairwesen Down Under, wie wir es von Europa kennen, aber über das Working Holiday-Programm besteht auch die Möglichkeit, als Aupair zu arbeiten. Der Aufenthalt lässt sich desgleichen selbst planen oder über eine Organisation abwickeln; letztere Möglichkeit erleichtert natürlich den Wechsel, falls es mit der Aupairfamilie nicht klappen sollte, oder falls man sich ausgenutzt fühlt.
Die Arbeitszeit schwankt zwischen 25 und 40 Wochenstunden. Eine Urlaubszeit ist nicht gesetzlich geregelt; eine Woche bezahlter Urlaub bei sechs Monaten Aupairtätigkeit hat sich aber eingebürgert. Der Lohn schwankt je nach Stundenzahl zwischen 100 und 200 NZ$ pro Woche. Ein Führerschein wird in den allermeisten Fällen verlangt.

Gute Adresse rund um das Thema Aupair:
www.au-pair-box.com.

Erfahrungsbericht Anna Michlo

Den Wunsch, eine längere Zeit im Ausland zu verbringen, hatte Anna schon geraume Zeit:

Ich informierte sich im Internet über Möglichkeiten, ins Ausland zu gehen, und stieß dabei auf einen Vermittler, der mir zusagte.

Ich war sofort begeistert! Und da ich mich schon immer für schöne Landschaften interessiert hatte und ich das Land aus dem Fernsehen und von Büchern kannte, war mir schnell klar, dass ich nach Neuseeland wollte.

Jetzt musste nur noch eine Agentur her, die auch schnell gefunden war, und somit begann mein persönliches Aupair-Abenteuer …

Nachdem ich der Agentur alle vollständigen Bewerbungsunterlagen eingereicht hatte, ging alles ganz schnell. Ich hatte schon nach einer Woche den ersten Familienvorschlag vorliegen. Das hieß natürlich auch, dass das die Familie sein könnte, mit der ich die nächsten sieben Monate zusammenleben würde ... Nach dem ersten E-Mail-Kontakt und dem darauffolgenden Telefonat entschied ich mich aber gegen die Familie. Daraufhin bekam ich einen zweiten Vorschlag. Wir nahmen zunächst über E-Mail Kontakt auf, und ich hatte schon ein gutes Bauchgefühl. Dann kam es zu dem Telefonat, und die Nervosität siegte: Außer einem schüchternen „Hello" und „How are you?" hörte man kaum etwas von mir. Das war aber zum Glück überhaupt kein Problem, da die Mutter der Gastfamilie ausnehmend freundlich und lieb war. Sie nahm sich viel Zeit und erzählte erstmal von der Familie, von der Umgebung und generell einfach von ganz normalen Dingen. Daher war meine Nervosität ganz schnell verschwunden; am Ende dauerte das Telefonat fast eine Stunde, und ich wusste sofort, dass das die richtige Familie war!"

Anna unterschrieb den Aupair-Vertrag und flog nach den letzten Vorbereitungen und nach Neuseeland.

„Ich war so nervös, meine Gastfamilie zu treffen, und mir gingen Tausende von Fragen durch den Kopf: Mögen die Kinder mich wohl? Und die Eltern? Was ist, wenn ich sie nicht verstehe? Wie verhalte ich mich ihnen gegenüber? – und dergleichen mehr.

Aber natürlich war die Aufregung mal wieder umsonst. Alle waren so offen und herzlich, dass ich mich sofort wohlfühlte. Die beiden Jungs (5 und 8 Jahre) zeigten mir ihr Zimmer und ihr Lieblingsspielzeug, meine Gastmama und mein Gastpapa den Rest des Hauses und mein eigenes Zimmer, und es wurden sofort Fotos von meiner Ankunft gemacht."

Nach einigen Tagen Eingewöhnungszeit ging der Aupair-Alltag los.

„Mein Tag fing immer morgens um sieben Uhr an. Ich bereitete den Kindern ihr Frühstück zu, machte mit ihnen zusammen die Lunchboxen für die Schule fertig, half ihnen, sich fertig zu machen und brachte sie um halb neun zur Schule, die täglich bis 15 Uhr nachmittags ging.

Somit hatte ich vormittags sechs Stunden Zeit für Haushalt, Einkäufe, Telefonate mit Familie und Freunden, und um mich mit anderen Aupairs zu treffen. Bevor die beiden dann aus der Schule zurückkehrten, bereitete ich immer noch eine Kleinigkeit zum Afternoon Tea vor. Nach der Schule wurden sofort die Hausaufgaben erledigt oder es ging zu den Nachmittagsaktivitäten, und natürlich wurde viel gespielt. Zwischen 17 und 18 Uhr wurde dann das Abendessen für die Kinder zubereitet, und es ging dem Ende meines Arbeitstages entgegen. Nach dem Abendessen hüpften beide nur noch schnell unter die Dusche, und um die Zeit löste mich dann meist meine Gastmama ab.

Am Anfang war alles noch ziemlich ungewohnt, aber über die Zeit fühlte ich mich wie zu Hause, und meine Gastfamilie wurde wie eine zweite Familie für mich. Wir erlebten viele lustige Sachen miteinander, und auch wenn es mal Probleme gab, konnte ich darüber immer offen mit ihnen reden."

An Wochenenden und an den Abenden unter der Woche traf sich Anna mit anderen Aupairs. „Wir machten zusammen Wochenendsausflüge, um Neuseeland kennenzulernen. Man sieht so viele unbekannte Dinge. Ob man der Landschaft wegen zum nördlichsten Punkt Neuseelands fährt und dort Sandboarding geht, zum Black Water Rafting nach Waitomo oder nach Rotorua, um ein bisschen über die maorische Kultur im Mitai oder Tamaki Village zu erfahren: Langweilig es wird nie!"

Die sieben Monate vergingen wie im Fluge, und schon war wieder Abschied angesagt.

„Dieser fiel mir noch schwerer als der sieben Monate zuvor. Die Kinder und auch meine Gasteltern waren mir richtig ans Herz gewachsen. Nach einem tränenreichem Abschied ging es für mich aber noch nicht nach Hause, sondern mit drei anderen Aupairs auf eine vierwöchige Rundreise um die Südinsel, die tatsächlich wunderschön ist, wie alle immer sagen. Es war ein toller gemeinsamer Abschluss unserer Aupair-Zeit. Nun bin ich seit einer Woche wieder zu Hause, und ich habe ein Land noch nie so vermisst wie Neuseeland!"

Kinderbetreuung

Wer sich nicht gleich mehrere Monate als ein Aupair verpflichten möchte, hat auch die Möglichkeit, stundenweise Kinder zu betreuen und auf sie aufzupassen, während die Eltern auf der Arbeit sind oder sich einen schönen Abend machen.

Erfahrung mit Kindern vorausgesetzt, kann man sich auf Zeitungsinserate bewerben oder bei einer Nanny-Agentur vorsprechen. Hier sind Referenzen äußerst empfehlenswert, da in irgendeiner Form aus dem Lebenslauf hervorgehen sollte, dass man bereits in der Kinderbetreuung Erfahrung gesammelt hat. Denn sucht eine Familie über eine Agentur die passende Kinderbetreuung, wird auch qualifiziertes Personal erwartet. Schließlich vertrauen die meisten pflichtbewussten Eltern ihren Nachwuchs selten irgendjemand Unbekanntem an.
Wer über einen längeren Zeitraum in einer Kindertagesstätte arbeiten möchte, benötigt ein Gesundheitszeugnis. Ein Beispielformular für den Hausarzt findet sich auf www.aupairneuseeland.de/bewerbung, bzw. bei https://aupairneuseeland.de/images/docs/Health-Certificate-6.2.15.pdf.

Medizin- und Pflegebereich

(Nursing)
In Neuseeland herrscht Mangel an Pflegepersonal, so dass man – mit entsprechender Ausbildung, manchmal aber auch mit Arbeitserfahrung recht schnell eine gut bezahlte Anstellung findet. *Nursing agencies* sind Agenturen, die Stellen in diesem Bereich vermitteln.

Geeignete Stellen werden auch vermittelt von
Tonix Health Recruitment: www.tonix.co.nz (Büro in Christchurch: T. 03 343 3424).

Verkauf

(Sale)
Verkäufer (*Sales Clerk*) sind im Einzelfachhandel tätig: Ob Naturkost, Klamotten, Sportartikel oder Souvenirs – Verkäufer werden immer und überall gesucht. Vorkenntnisse über den jeweiligen Produktbereich sind natürlich von Vorteil, doch nicht zwingend nötig. Ware auspacken und einräumen, Kunden beraten und bedienen zählen hier zu den Haupttätigkeiten. Dies kann eine durchaus abwechslungsreiche Arbeit sein, v.a. wenn man den Kontakt mit Menschen genießt. Gleichzeitig kann dies natürlich auch zu Stress führen; denn selbstverständlich sollte jedem Kunden mit Geduld, Freundlichkeit und Hilfsbereitschaft entgegengetreten werden, was in bestimmten Situationen schwerfallen mag. Dafür wird

man sein Englisch innerhalb kürzester Zeit deutlich verbessern. In Touristenorten wird manchmal den Verkäufern eine Unterkunft vom Arbeitgeber gestellt.

Der Kassierer, *Cashier*, ist im Supermarkt tätig und rechnet mal mehr und mal weniger schnell die Einkäufe der Kunden ab. Da die meisten Kunden jedoch freundlich sind und niemals drängeln, ist diese Art der Arbeit durchaus machbar und weniger stressig als gemeinhin angenommen. Lediglich die Monotonie könnte hier zu schaffen machen. Doch werden die meisten Kassierer auch bei anderen Aufgaben eingesetzt, wie beim Ordnen der Regale oder beim Auspacken der Ware. Der neuseeländische Kassierer begrüßt die Kunden zusätzlich mit einem freundlichen "*How are you today*" und verabschiedet sie mit einem "*Have a great day*!" Auch ein bisschen Small Talk ist stets willkommen, selbst wenn sich der Kundenabfertigungsprozess dadurch verlangsamt.

Der Thekenverkäufer, *Deli Counter Clerk*, hält die Stellung hinter der Fleisch-, Käse- bzw. Spezialitätentheke und ist demnach im Lebensmittelladen anzutreffen. Bei dieser Tätigkeit sollte bereits über passables Englisch verfügt werden, da die Kundenberatung einen wichtigen Teil der Arbeit ausmacht.

Spendensammeln

(*fundraising*)

„*Promotion jobs for a marketing company in Auckland*" – zwar lesen sich derlei Annoncen vielversprechend, doch steckt dahinter nicht die Tätigkeit, die wir vielleicht vermuten (wie Handzettel verteilen). In Wirklichkeit bedeuten „Promotion" und „Advertising" in Stellenanzeigen oft Spendensammler- oder Verkaufsjob. Meist wird für „wohltätige" Zwecke gesammelt; oft geht es aber auch um Versicherungen, Handyverträge o.Ä. Die „Wohltätigkeit", also Gemeinnützigkeit besteht wie bei uns meist darin, dass ein Verein gegründet wird, über den die ansonsten fälligen Steuern weggedrückt werden.

Jobsuchende mit ausgezeichneten Sprachkenntnissen, die gut reden und überzeugen können – böse Zungen würden „manipulieren" sagen – finden in diesem Bereich sicherlich einen Job. Genügend Eigenmotivation sollte man jedoch mitbringen. Die Entlohnung erfolgt i.d.R. auf Provisionsbasis.

Flyer verteilen

(hand out flyers / leaflets)
Handzettel verteilen gehört zu den angenehmeren Jobs, und wird gut bezahlt. Gerade in Großstädten wird man mit Flyern geradezu überflutet – es herrscht also durchaus Bedarf an Verteilern. Leider sind die meisten Jobs jedoch auf ein bis zwei Stunden beschränkt.

Büroarbeit

(Office work/support)
Wer bereits Erfahrungen in der Büroarbeit gesammelt hat, daher Excel, Windows und Access beherrscht und darüber hinaus perfektes Englisch spricht, kann sein Glück mit einem Bürojob versuchen. Vor allem in Großstädten werden laufend Bürohilfen als Kranken- oder Urlaubsvertretungen über einen begrenzten Zeitraum gesucht. Über eine Jobbörse, eine Arbeitsvermittlungsagentur oder auch über die Stellenanzeigen in Zeitungen finden sich jene Stellen.
Hier reicht es jedoch nicht aus, mit dem *Résumé* in der Hand ins Büro zu spazieren und sich vorzustellen; eine professionelle Bewerbung mit Anschreiben und Referenzen wird verlangt. Beim Bewerbungsgespräch sollte adrette Kleidung getragen werden (im optimalen Fall Anzug bzw. Kostüm). Auszahlen wird sich dieser Aufwand wenigstens durch den Lohn, der um einiges höher liegen dürfte als bei den meisten anderen Stellen.

Bauarbeit

(Labour/Construction work)
Construction helpers müssen hart anpacken können und dürfen vor schwerer körperlicher Arbeit nicht zurückschrecken. Gerade Handwerker mit Berufserfahrung haben hier gute Chancen. Aber auch ohne kann eine Beschäftigung gefunden werden. Immer wieder werden Handlanger für Tätigkeiten gesucht, wo an erster Stelle Muskelkraft und Ausdauer gefragt sind. Einfach bei der nächsten Baustelle nach Arbeit fragen, ist hier eine gängige Methode. Doch auch über Zeitschriften und Internet-Jobbörsen werden Bauarbeiter gesucht.

Landwirtschaft

Richtig fest anpacken, harte ehrliche Farmarbeit leisten, draußen sein, den ganzen lieben langen Tag lang, und zwar an Orten, wo sich Fuchs und Hase Gute Nacht sagen – wen solche Ansagen nicht abschrecken, sondern eher aufhorchen lassen, sollte es einmal mit Arbeit im landwirtschaftlichen Bereich versuchen. Arbeitsklamotten sollten aus festem Schuhwerk, langen Hosen und T-Shirt bestehen; ein warmer Sweater oder Jacke für kalte Nächte sind unbedingt empfehlenswert. Außerdem sind Kopfbedeckung und Sonnencreme zum Schutz vor der Sonne wichtig.

Hier eine Stellenbörse für die Landwirtschaft: *www.agriseek.com.*

Fruit Picker

Der Einsatz als Erntehelfer ist sicherlich einer der typischsten Backpackerjobs. Diese Tätigkeit ist etwas für Leute, die gerne den ganzen Tag draußen verbringen, mal bei sengender Hitze, mal bei Regen, schwere körperliche Arbeit schätzen und keine Scheu vor Berührung mit „Dreck" haben, was immer das sein sollte. Der Arbeitstag beginnt normalerweise frühmorgens (etwa fünf oder sechs Uhr), gezahlt wird entweder per Stunde oder Erntemenge (*per hour* oder *per volume*).

Nicht nur zur eigentlichen Ernte werden Leute eingesetzt, sondern auch bei anderen Aufgaben wie zum Sortieren, zum Ausdünnen der Obstbäume, zum Entblättern der Weinreben oder zur Reparatur von Zäunen. Sehr anstrengend wird jedenfalls jede Arbeit sein.

Wie in Australien vermitteln auch hier „Working Hostels", die Erntehelferjobs an Farmen aus der Umgebung. Zur Erntezeit hängen aber häufig auch in normalen Hostels Stellenanzeigen aus.

Diese Art des Geldverdienens ist keine leichte, und auch reich ist hierbei noch niemand geworden. Nur wer sehr flink ist, wird zufrieden sein. Mehr als ein paar Wochen wird kaum jemand dieser Arbeit nachgehen, doch trotz aller Anstrengungen wird es eine äußerst bereichernde Erfahrung sein: Im Freien sein, eventuell draußen nächtigen, viele Leute von überall her kennenlernen ... – und zu Ende froh sein, alles überstanden zu haben. Ferner wird man nun genau wissen, wo das Rückgrat sitzt.

Erntezeiten

Je nach Jahreszeit und Region schwankt der Bedarf an Erntehelfern. Grundsätzlich wird aber nahezu das ganze Jahr über irgendetwas gepflückt, sortiert, verpackt oder beschnitten.

Gute Chancen bestehen in folgenden Regionen:

- Cromwell/Alexandra (verschiedene Obstplantagen)
- Hawkes Bay (Weinbau)
- KeriKeri (verschiedene Obstplantagen)
- Northland (Zitrusplantagen)
- Bay of Plenty (Apfel-, Avocado- und Kiwiplantagen)
- Napier/ Hastings (verschiedene Obstplantagen und Weinbau)
- Blenheim (Weinbau)
- Nelson (Weinbau)
- Motueka (Apfelplantagen)
- Te Puke (Kiwiplantagen)
- Central Otago (verschiedene Obstplantagen und Weinbau)

Im Folgenden ein grober Überblick über den neuseeländischen Erntekalender:

- Januar: Aprikosen, Kirschen, Nektarinen, Pfirsiche (Ernte)
- Februar: Äpfel, Aprikosen, Nektarinen, Pfirsiche (Ernte)
- März: Äpfel, Aprikosen, Birnen, Nektarinen, Pfirsiche, Weintrauben (Ernte)
- April: Kiwis, Mandarinen, Weintrauben (Ernte)
- Mai: Kiwis, Mandarinen (Ernte)
- Juni: Kiwis, Mandarinen (Ernte), Weintrauben (pruning = zurückschneiden)
- Juli: Weintrauben (pruning)
- August: Weintrauben (pruning)
- September: Kiwis (Sortieren und Verpacken)
- Oktober: Kiwis (Sortieren und Verpacken)
- November: Äpfel (pruning), Steinfrüchte (Ernte)
- Dezember: Äpfel (pruning), Steinfrüchte (Ernte)

Carolina arbeitete auf einem Vineyard und möchte die Erfahrung nicht missen:

„Neben dem Pflücken von Kiwis oder Äpfeln ist auch die Arbeit auf den Winzereien eine gefragte Tätigkeit unter Backpackern. Der Tag beginnt morgens in aller Frühe und endet abhängig davon, wie viele Trauben geerntet werden müssen, um die Mittagszeit oder erst am Nachmittag. Man darf sich nichts vormachen, die Arbeit ist schwer, und es gibt sicher nur wenige, die abends nicht mit Rückenschmerzen im Bett lägen. Mir hat es dennoch viel Freude bereitet, auf dem Winzerhof gefühlte 1 Millionen Rebstöcke entlangzukrauchen und die Trauben zu ernten. Die frische Luft, die viele Zeit zum Nachdenken und Erzählen sowie das wohlige Gefühl am Abend, „etwas geschafft zu haben" – all das hat mir trotz der körperlichen Anstrengung eine Menge Kraft gegeben. Jederzeit würde ich es wieder tun!"

WWOOF

Wwoofing bedeutet *World Wide Opportunities on Organic Farms* oder *Willing Workers on Organic Farms*. Es handelt sich dabei um Farmjobs mit Familienanschluss auf Biohöfen unterschiedlichster Richtung: Ackerbau, Viehzucht, Pferde-Ranches mit Tourismus, Imkereien, Winzereien, Obstanbau und Gartenbaubetriebe usw. Natürlich fallen auch alle erdenklichen Aufgaben im oder rund ums Haus an, von der Kinderbetreuung bis zu Reparaturarbeiten. Mit Kauf des Mitgliederverzeichnisses erwirbt man eine Mitgliedschaft auf ein Jahr. Die Wwoof-Organisatoren müssen Multimillionäre sein ...

Kost und Logis sind frei, und häufig lernt man etwas Nützliches dabei – z.B., wie man ein Strohballenhaus baut, was Permakultur ist, wie man Schafe schert oder Bäume pflanzt. Es werden vier bis sechs Stunden Arbeit am Tag erwartet. Wwoof-Gastgeber sind meist wirklich am kulturellen Austausch interessiert und integrieren den Wwoofer gleich in ihren Arbeits- und Familienalltag.

Tipps: Wwoofing-Plätze sind begehrt, es ist also empfehlenswert, gleich mehrere Farmen anzuschreiben und zwar mit genügend Vorlaufzeit. Einzelne Wwoofer sind natürlich einfacher unterzubringen als eine ganze Meute. Ein Anruf bringt meist mehr als eine E-Mail.

Wer einer Wwoofing-Familie bereits zugesagt hat und doch wieder absagen möchte, sollte das schnellstmöglich tun – nicht nur aus Rücksichtsnahme gegenüber der Familie, sondern auch, um anderen Wwoofern eine Chance zu geben.

In letzter Zeit gab es Probleme und eine heftige Diskussion wegen der Versicherung bzw. Unfällen, so dass die Regierung Wwoof kippen wollte. Nun hat der Verein mittlerweile eine starke Lobby, die auf eine Existenzgefährdung mancher Betriebe verwies etc. In der Tat verhält es sich so, dass viele schlicht von Wwoofern abhängig sind. Leute schlechten Charakters würden behaupten, die Bio-Wwooferei werde auf dem Rücken arglosen jungen europäischen Gemüses ausgetragen. Man wird sehen, was passiert …

Wwoofing-Bericht Carolina Klein

Carolina nennt das Wwoofen „eine faszinierende Möglichkeit, Land und Leute kennenzulernen und dabei günstig zu leben: Ich habe während meines Neuseeland-Aufenthalts eineinhalb Monate bei einer Familie gewwooft, die in Golden Bay eine große Farm mit Milchkühen besitzt. Gemeinsam mit dem Aupair habe ich mich um den Haushalt und die Kinder gekümmert. Was mich beeindruckte, war die Herzlichkeit und Großzügigkeit, mit der ich aufgenommen wurde. Schon nach kurzer Zeit stellt sich das Gefühl, ein Familienmitglied zu sein. Ganz selbstverständlich wurde ich mit zum Kaffee und Kuchen bei der Großmutter eingeladen, und ganz selbstverständlich durfte ich die Familie am Wochenende mit ins Strandhaus begleiten, um dort beim gemeinsamen Barbecue mit Freunden die Woche ausklingen zu lassen. Als überraschend Besuch der Familie anreiste und dies zu einer Knappheit der Schlafplätze im Haus führte, wurde ich mitnichten auf die Straße gesetzt. Befreundete Nachbarn meiner Familie nahmen mich bei sich auf, und schon nach kurzer Zeit durfte ich auf deren Beef-Farm kräftig mit anpacken. Für mich als Stadtkind waren diese Tage unvergesslich! Die Rinder zu Fuß oder mit dem Quadbike von einer Weide auf die andere zu leiten, die Tiere zu impfen oder die Mütter von ihren Kälbern zu trennen – eine Erfahrung, die ich zuvor noch nie gemacht habe, und die ich sicher nie vergessen werde!

Jedem Backpacker in Neuseeland kann nur empfohlen werden: Trau dich zu wwoofen! Du wirst unglaublich viel über das Leben der Neuseeländer erfahren und auch für dich selbst viele wertvolle Eindrücke sammeln und mit nach Hause nehmen können.“

FHiNZ

Um Farmjobs mit Familienanschluss handelt es sich auch bei „Farm Helpers in New Zealand“, nur handelt es sich hier um Betriebe aus dem wahren landwirtschaftlichen Leben und nicht der Bio-Ecke.

Wie beim Wwoofen erwirbt man ein Jahr Mitgliedschaft und hat damit die Möglichkeit, in dieser Zeit unter Hunderten von Jobmöglichkeiten auf rund 300 Agrarbetrieben (Viehzucht, Ackerbau, Gartenbau, Obst u. Gemüse u.Ä.) zu wählen.

Kost und Logis sind üblich, oft auch ein kleines Taschengeld und bei besonders gefragten Kenntnissen auch mehr. Das Verzeichnis gibt's bei *www.fhinz.nz*

Barracudas, Busch und Büchsenbier

Erfahrungsbericht Matthias Wühle

Weit hergeholt

Seine Auslandszeit hatte *Matthias* eigentlich schon hinter sich – ein Jahr in London – als ihn die Schaffenskrise einholte.

„Ich hatte das Gefühl, dass sich mir in Deutschland zumindest mittelfristig keine Optionen mehr boten, als mich eine Freundin auf einen Zeitungsartikel über FHiNZ aufmerksam machte. Nichts lag mir ferner als Neuseeland – rein geographisch gesehen, natürlich. Attraktiv erschien mir zusätzlich die Möglichkeit, mit einem ganz normalen Touristenvisum einzureisen – und trotzdem in Neuseeland arbeiten zu können. Aus den aktuellen FHiNZ-Angeboten suchte ich mir mit dem Endeavour Resort, einer Ferienbungalowanlage mitten in den Marlborough Sounds, den wohl entlegensten Ort aus, den man als Arbeitsplatz in Neuseeland wählen konnte. Dass ich mich (nur) für einen sechsmonatigen Aufenthalt entschied, kann einzig mit den damaligen Flugtarifen begründet werden: Ein Halbjahresticket von Berlin nach Christchurch war erheblich günstiger als ein äquivalenter Flugschein mit einer Gültigkeit von einem Jahr. Die neuseeländische Botschaft konfrontierte mich im Zuge der Visumvergabe mit einer weiteren finanziellen Hürde: Gefordert wurde eine Einkommens- oder Vermögensgarantie, die ich natürlich – ich war praktisch ohne nennenswertes Einkommen – nicht erbringen konnte. Selbst das Geld für das Flugticket hatte ich mir schon borgen müssen. Zum Glück fand sich dafür eine trickreiche Lösung: Mein Vater – damals Leiter der Exportabteilung eines großen Unternehmens – ließ von seiner Geschäftsbank auf meinen Namen eine zweite Kreditkarte anfertigen und veranlasste die Bank, mir schriftlich einen großen Kreditrahmen zu bestätigen. Dies genügte der Botschaft, so dass bald das lang ersehnte Visum als Aufkleber silbrig in meinem Pass glitzerte.“

Am Ende der Welt

Nach einer Zwischenübernachtung in Osaka landete Matthias schließlich am Morgen des Nikolaustages in Christchurch.

„Meine zukünftige Chefin hatte mit mir den Arbeitsbeginn für Dezember ausgehandelt, der dortigen Hochsaison. So blieben mir nur wenige Tage zur Akklimatisierung und Weiterreise nach Picton an der Nordspitze der Südinsel. Christchurch wirkte auf mich wie ein fremdartiges Stück England mit besserem Wetter. Die notorisch mit Shorts und Polo-Shirt bekleideten Neuseeländer wirkten offen und locker und nahmen mir damit auch etwas die Anspannung vor meinem bevorstehenden Abenteuer. Schließlich war in Picton meine Anreise noch lange nicht zu Ende. Das Endeavour Resort liegt mitten in den Marlborough Sounds, einem unwegsamen Fjord- und Halbinselgebiet, das das nördliche Ende der Südinsel bildet. Die nur spärlich besiedelten, gebirgigen Halbinseln sind dicht mit Regenwald bewachsen. Als einzige Verkehrsverbindungen gelten ein Wanderweg, der Queen Charlotte Track, und die Zufahrt über Wasser, per Wassertaxi vom Hafen Picton aus. Zwar hatte ich im Hotel Kost und Logis frei; dennoch gab es zahlreiche Dinge, mit denen ich mich in Picton eindecken musste – und das jeweils immer für komplette sechs Monate. Insbesondere Briefmarken, Schreibpapier, Medikamente und nicht zuletzt auch Bargeld schienen mir wichtig. Nachdem ich Koffer und Rucksack auf dem Schnellboot der Cougar Line untergebracht hatte und die markanten Dattelpalmen am Ufer Pictons immer kleiner wurden, war mir klar, dass ich diese Silhouette für eine lange Zeit nicht mehr sehen würde. Mein Gefühl konnte wohl am ehesten als eine Mischung von Alcatraz und HMS Bounty beschrieben werden.“

Warten auf das feuerrote Schiff

„Da stand ich nun auf dem Landesteg und betrachtete mein neues Zuhause: Eine Handvoll Holzbungalows vor dem Hintergrund eines dicht bewaldeten Gebirgszuges. Meine Chefs und Gastgeber, Colin und Marion

Davenport – ein knarziges, älteres Ehepaar mit unverkennbaren schottischen Wurzeln – wohnten in einem einfachen Haus direkt am Anlegesteg. Ich bekam einen eigenen Bungalow zugewiesen, von dessen Fenster ich einen geradezu traumhaften Ausblick auf die malerische Bucht hatte: Das Endeavour Inlet. Zudem konnte ich von dort oben alle Schiffsbewegungen beobachten – was, wie sich herausstellen sollte, die zentrale Tätigkeit aller arbeitenden und urlaubenden Bewohner des Endeavour Resorts darstellen sollte: Die Bucht war Dorfstraße und Abendnachrichtensendung zugleich. Während des Lunches und des Dinners, die stets bei den Davenports eingenommen wurden, war zudem ständig das Funkgerät eingeschaltet, und man verfolgte beiläufig den Funkverkehr der draußen in den Sounds vorbeifahrenden Schiffe."

Nach dem Frühstück, das Matthias allein in seinem Bungalow einnahm, pflegte er bis zum Lunch je nach Zahl der Übernachtungsgäste verschiedene Tätigkeiten auszuüben, die sich von der Gartenarbeit bis zum Bettenmachen erstreckten.

„Danach hatte ich Feierabend und konnte bis zum Abendessen kurze Wanderungen in den benachbarten Dschungel unternehmen, in der Bucht schwimmen, Kanu fahren oder einfach in der Sonne faulenzen. In Anbetracht der vielen Zeit und der doch recht überschaubaren Freizeitmöglichkeiten dehnte ich meine Schwimmrunden am Ende bis auf zwei Stunden täglich aus. Dinge wie Internet oder Handy gab es in den Sounds nicht. Man konnte schon froh sein, überhaupt zwei Fernsehsender empfangen zu können: Kanal Eins und Zwei. So wurde ich doch Schriftsteller und schrieb an meinem Tisch mit der Traum-Aussicht in erster Linie Briefe nach Hause; natürlich, weil ich in der Einsamkeit recht bald überaus zehrende Sehnsucht nach Nachrichten aus der Heimat bekam, und wären sie noch so belanglos gewesen. Dabei bekamen zwei Tage in der Woche eine zentrale Wichtigkeit: Dienstag und Samstag. An diesen Tagen legte – wie man schon von weitem sehen und hören konnte – das feuerrote Postschiff der New Zealand Post bei uns an. Es nahm unsere Briefe mit und brachte Post von der Außenwelt. Nach etwa zwei Wochen war jedes Mal, wenn das Schiff anlegte, etwas für mich dabei."

Wer träumt nicht von seiner eigenen Jacht?

„Bald war es sowohl mit Einsamkeit als auch Idylle vorbei. Je näher die Weihnachtssaison rückte, desto öfter spuckte die Cougar Line Leute mit Gepäck aus. Teils waren es Urlauber, teils aber auch weitere FHiNZ'ler. Marion schien sich auf einen gewaltigen Gästeansturm einzustellen. Wir aber waren nun ein Team: Neben Maja, die ausgerechnet auch aus Berlin kam, gehörten nun auch die zwei Koreaner Ho und Beagun sowie die Koreanerin Min zu unserem Team. Für einige Tage stießen zudem mit Natsumi und Hidemi auch noch zwei Japanerinnen dazu, so dass die Davenports massive Platzprobleme bekamen, zumal kurz vor Heiligabend alle Bungalows voll belegt wurden. Als nicht zahlende Gäste mussten wir die Bungalows räumen; doch die Enttäuschung währte nur kurz! Während die beiden Mädchen zusammen einen kleinen Bungalow bezogen, bedeutete man uns drei Jungs, die hauseigene Yacht zu beziehen. Ich verstand zunächst nicht, was in erster Linie auf sprachliche Probleme zurückzuführen war. Denn das Wort Yacht ist zwar im englischen das gleiche, wird dort aber „Jott" ausgesprochen. Doch Colin zeigte unmissverständlich auf den in der Bucht ankernden Stolz des Hauses: Die schneeweiße Segelyacht „Strophe". Per Schlauchboot setzten wir über – und so sollte nun auch für die nächsten Wochen unser täglicher Arbeitsweg aussehen. Ich bezog die schmal zulaufende Kabine am Bug, Ho und Beagun belegten je die beiden Außenkajüten back- und steuerbord.

Die Abenteuerromantik hatte selbstverständlich auch ihre Schattenseiten, denn das Schiff hatte weder Strom noch fließend Wasser. Die für mich obligatorische Dusche musste ich somit auf das Festland verlegen, und Wasser für den morgendlichen Kaffee schleppten wir per Schlauchboot ebenfalls vom Festland an Bord. Außerdem grenzte das Bordleben bisweilen auch an ein richtiges Abenteuer; wie z.B. an jenem Abend, an dem uns Colin eine Unwetterwarnung in die Bibliothek rief, unserem allabendlichen Aufenthaltsort, wo wir uns zusammenfanden und auch fernsehen konnten. Aufgrund des dort gerade laufenden Spielfilms ignorierten wir die Warnung jedoch dezent. Als wir gegen Mitternacht die Bibliothek verließen, standen wir im T-Shirt nicht nur in stockfinsterer Nacht, sondern auch in einem Regensturm: „Gusty, onshore wind", wie sich der alte Seebär und Ex-Matrose Colin auszudrücken pflegte, denn der Wind drückte von der Bucht kommend an Land, was das Übersetzen zur „Strophe" erheblich erschwerte. Hinzu kam, dass wir unser völlig unbeleuchtetes Schiff gar nicht sahen, sondern allenfalls dessen Lage vermuten konnten. Nach endlosen Rudern angekommen, mussten wir bei hohem Wellengang versuchen, das Schlauchboot festzumachen, und dann bei heftigem Schlingern versuchen, unbeschadet an Deck zu gelangen. Auch das gehörte zum Schiffsalltag dazu.

Vom Wert des Bieres im Busch

Die Nachmittage und Abende verbrachten wir FHiNZ'ler stets zusammen. Mehr als einen heißen Tee oder einen Instantkaffee konnten wir hier im Dschungel jedoch nicht auf den Tisch stellen. Am Nordufer der Bucht gab es eine weitere Bungalowanlage, die Furneaux Lodge, die schon deshalb für junge Leute attraktiver als unser Endeavour Resort war, da sich auf diesem Gelände ein richtiger Pub befand. Nur zu wenigen, besonderen Anlässen kehrten wir dort ein, um uns an einem einzigen Bier festzuhalten, denn kaum jemand von uns hatte soviel Bargeld bei sich, dass er damit üppig hätte haushalten können, und der nächste Bankautomat befand sich zwei Schnellbootstunden weiter südlich in Picton. Außerdem gestaltete sich der Rückweg von der Furneaux Lodge zum Endeavour Resort mitunter schwierig: Man brauchte eine gute Ortskenntnis sowie eine Taschenlampe, um den unbeleuchteten und nicht ausgeschilderten Trampelpfad zurückzufinden. Allenfalls ein Umweg über den weiter bergauf gelegenen Wanderweg Queen Charlotte Track vermittelte eine gute Fernsicht über die Bucht. Dieser verfügte sogar über ein eigenes Leuchtnavigationssystem: Das waren die Glühwürmchen, mit deren Hilfe man tatsächlich nach Hause gelangen konnte.

Nun hat man also einen Begriff über den Wert eines Bieres im Busch gewonnen. Eine Bierbüchse stand für unermesslichen Reichtum und geriet gleichsam als Währungsersatz zum beliebten Tauschmittel. Jeder von uns hatte im Laufe der Zeit seinen Geheimvorrat angelegt. In Ermangelung eines Ladens (auch die benachbarte Furneaux Lodge hatte so etwas nicht) waren wir einzig auf unsere Gäste angewiesen. Die Wandergäste, die oben vom Queen Charlotte Track herunterkamen, hatten nie etwas dabei. Dafür waren die seeseitigen Ankömmlinge umso reicher mit Bier ausgestattet. Oft waren es Arbeitskollegen oder Vereine, die übers Wochenende aus Picton oder Wellington zu uns kamen. Tagsüber fuhren sie mit Colin auf seiner Motoryacht „Tautane" zum Hochseeangeln, abends saßen sie meist am Grill und genossen ihr Bier. Wenn ich mit dem Motor-Quad das Gepäck der Gäste vom Bootssteg zu den Bungalows fuhr, waren oft mehrere Bierpaletten dabei. Nicht selten standen nach Abreise der Gäste noch ein paar Bierbüchsen im Kühlschrank umher. Ein besseres Trinkgeld hätte man sich gar nicht fürs Bettenmachen denken können. Als ich einmal eine komplette ungeöffnete Palette in einem Bungalow vorfand, bekam ich doch Skrupel, zumal man diese nicht unauffällig verschwinden lassen konnte. Ich brachte sie also kurzerhand zu Colin und präsentierte sie ihm und mich selbst dazu als ehrlichen Finder. Seine Reaktion war überraschend: Er brachte nur verächtlich hervor: „Northern Islands Piss“ und ließ mich verdutzt mit meiner Bierpalette stehen. Es handelte sich um Bier der Marke Tui, die in Mangatainoka, einem kleinen Ort bei Palmerston North auf der Nordinsel gebraut wird. Ein Südneuseeländer würde aber, wie ich später lernen sollte, niemals eine Zeitung von der Nordinsel lesen, geschweige denn deren Bier trinken. Ein kurioser Regionalstolz, der mich in dem Augenblick um 24 Büchsen Bier reicher gemacht hatte …

This is South Pacific Sunrise

Während des rustikalen Bordlebens auf der Strophe bestand meine Arbeit hauptsächlich im Bettenbau und Saubermachen. Das einzige maritime Abenteuer beschränkte sich auf das tägliche Übersetzen mit dem Schlauchboot. Als die Hauptsaison vorbei war und wir uns wieder an den morgendlichen Luxus von heißer Dusche und heißem Kaffee in unseren Bungalows gewöhnt hatten, kamen neue spannende Aufgaben auf uns zu. Wir, das waren mittlerweile nur noch Ho und ich, denn die Mädchen waren inzwischen abgereist. Einer von uns beiden durfte fortan Colins Hochseeangeltouren auf der Tautane begleiten. Unsere Aufgabe bestand darin, unter Deck für die Gäste Tee und Kaffee zuzubereiten, aus zähem, weißen Tintenfisch Angelköder zu schneiden, und am Ende der Tour das Deck zu schrubben. Zwischendurch aber gab es jede Menge Freizeit, in der wir das Ruder halten und auch selbst mal die Angel auswerfen durften. Marion bereitete den Fang abends zu; in der Regel war es Cod, zu Deutsch Kabeljau oder Dorsch. Weniger schmackhaft, dafür weitaus unterhaltsamer war es, wenn uns ein wild um sich beißender Barracuda, ein Hai oder ein Oktopus auf die Planken kam. Solche Begegnungen mit der maritimen Tierwelt gerieten schnell zum existenziellen Kampf von Mensch gegen Tier. Colin bewies sich dabei stets als alter, erfahrener Haudegen. Wenn er dann Hai oder Barracuda zerlegte (ersteres zum Verzehr, letzteres als Köder) versammelte sich eine ehrfürchtige Schar um ihm, um den Kampf zu bestaunen.

Manchmal legten wir auch in der Punga Cove an, einer weiteren Bungalowanlage in der Nachbarbucht, wo es eine richtige Strandbar gab und wir von ihm Bier spendiert bekamen. Als Gegenleistung mussten wir uns stets zum Stillschweigen verpflichten, da Colin abends seiner Frau nie erzählte, wo oder ob er überhaupt vor Anker gegangen war.

Eines Tages hörten wir bei den Davenports über Funk wiederholt den Spruch: „Punga Cove, Punga Cove. This is South Pacific Sunrise. Do you copy? Over". Dieser Funkspruch weckte unser Interesse. Wer war die South Pacific Sunrise? Das geheimnisvolle Schiff avancierte bald zum Thema Nummer Eins. Doch leider war der Weg über den Queen Charlotte Track zur Nachbarbucht zu weit: Vier Stunden Fußweg hätte man einplanen müssen – nur den Hinweg gerechnet. Also musste man auf die nächste Gelegenheit warten, wenn Colin wieder mit der Tautane auslaufen sollte. Die sollte sich auch bald ergeben. Als wir die Punga Cove ansteuerten, erblickten wir sie: Der unter Fidschi-Flagge segelnde Dreimaster war mit seinen knapp 40 Metern Länge mehr als doppelt groß wie unsere Strophe: Eine voll hochseetaugliche Überseeschönheit. Deren Besatzung – erkenntlich an den einheitlichen Crew-Poloshirts – hatte es sich teilweise schon an der Strandbar bequem gemacht. Wie üblich bekamen wir wieder von Colin Bier spendiert. Als Colin mit den Matrosen fachsimpelte, kam auch ich mit ein paar Männern ins Gespräch. Mein schwärmerisches Interesse schienen sie registriert zu haben, als ich das unglaublichste Angebot meines Lebens bekam: Sie boten mir an, sie auf den nächsten Törn zu den Fidschi-Inseln zu begleiten – zu den gleichen Konditionen wie bei FHiNZ, also einfache Arbeit gegen Kost und Logis. In einer Woche würden sie die Anker lichten.

Bis zu diesem Termin hatte ich jede Nacht wach gelegen. Am Ende siegte die Vernunft und ich sagte ab. Der Segelzeitraum hätte mein festgebuchtes Rückflugticket ab Christchurch, und damit auch mein Visum und meine Auslandskrankenversicherung vollständig entwertet. Ich hätte mich in ernste Schwierigkeiten, und nicht nur finanzieller Art gebracht. Noch heute träume ich davon, was gewesen wäre, wenn ich das Schiff doch bestiegen hätte und habe noch immer, als wäre es gerade eben erst passiert, den Funkspruch im Ohr: „Punga Cove. Punga Cove. This is South Pacific Sunrise. Do you copy? Over".

Dann aber denke ich an das Endeavour Resort zurück, die nächtlichen Wanderungen mit den Glühwürmchen, die ausgedehnten Schwimmrunden in der Bucht, die stürmische Schlauchbootfahrt zur Strophe und den Augenblick, bei dem ich die Tautane am Steuer souverän durch die Sounds gefahren habe, Colin grinsend hinter mir. Sowie an viele durchdiskutierten Abende mit Gästen und Helfern aus aller Welt bei spendiertem, gekauftem oder „organisiertem" Bier. Das alles waren unbezahlbare Augenblicke, die mein halbes Jahr FHiNZ zu einem wahren Abenteuer haben werden lassen. Auch ohne South Pacific Sunrise."

Help Exchange

Help Exchange ist eine Online-Datenbank mit Adressen von ökologischen und nicht-ökologischen Farmen, Ranches, Lodges und Backpacker Hostels etc., die freiwillige Helfer für kurzfristige Aufenthalte gegen freie Kost und Logis bei sich aufnehmen. Die Registrierung ist kostenlos; wer allerdings nicht nur ein Profil erstellen, sondern Gastgeber selbst kontaktieren möchte, berappt natürlich wieder: *www.helpx.net*.

Praktikum

Wer mit genügend finanziellen Reserven ausgestattet ist, hat über ein Praktikum die Möglichkeit, den Arbeitsmarkt kennenzulernen und erste Kontakte zu knüpfen. Schließlich ist ein unbezahltes Praktikum bedeutend einfacher zu ergattern als eine bezahlte Arbeitsstelle – und meist auch interessanter.

Viele Agenturen haben sich auf die Praktikumsvermittlung spezialisiert haben – umsonst ist allerdings nichts. Wer sich selber auf die Suche begeben möchte, sollte genügend Zeit (mindestens sechs Monate) einplanen. Am einfachsten ist die Praktikumssuche wohl über das Internet; allerdings hat derjenige mehr Chancen, der sich bereits im Land befindet und gleich vor Ort bewirbt.

Reisen

Schein und Sein

Alle Neuseeland-Reisenden schwärmen von der „Natur", dem weiten Raum, den Bergen usw. Bislang haben wir diese Meinungen unkommentiert stehenlassen. Touristen „wollen" sie einfach und sehen eine, wo keine ist. Warum?

Auf weiten Flächen der Inseln wurde in den letzten Jahrhunderten Raubbau am Wald betrieben. Die Maori fanden dichte Wälder auf beiden Inseln vor und vernichteten über 800 Jahre hinweg bis zur Ankunft der Briten etwa die Hälfte davon durch Brandrodung. Die Engländer holzten ab, wo immer sie konnten und benötigten nur noch 150 Jahre um die verbliebene Hälfte nochmals zu halbieren. Die weiten Flächen und Weiden mit ihren Schafen und Rindern sind also künstlich, Kultur- aber keine Naturlandschaften. Dass die Abholzung räumlich und zeitlich weitaus größere Dimensionen hat, ist dem Reisenden nicht gewärtig, oder er vergisst sie schnell angesichts der grünen Weiden mit ihren Schafen, die doch so „natürlich" aussehen.

Aber über die fliegt gelegentlich ein Kleinflugzeug und sprüht weitflächig, so wie einst in der DDR. Die Natur ist weniger grün und umweltfreundlich als vermutet. Die Viehwirtschaft konzentriert sich wegen der weiten verfügbaren Flächen vor allem auf Canterbury, aber die Gegend ist eigentlich zu trocken, um größere Herden zu tragen. Folglich wird allenthalben künstlich bewässert mit Wasser, das dem Boden dann fehlt.

Die Probleme in diesem dünnbesiedelten Land ähneln denen bei uns: Wachstum, übergroße Viehherden, Bodenübernutzung, Grundwassersenkung und Nitratanreicherung, Überdüngung und Pflanzen- und Artensterben wegen des Einsatzes von Pflanzenschutzmitteln.

Gut Holz

Das Ganze erinnert an Irland, das wegen seiner Weidelandschaft doch auch so viel „Natur" besitzen würde. Irrtum: Die „Grüne Insel" hieß so, weil sie früher dicht bewaldet war. Die Engländer okkupierten die Insel und holzten ab. Die Böden vermoorten und versauerten, so dass sie nur noch als Weide taugten, das Holz verschwand beim Schiffsbau, als Stempel und Streben in den Bergwerken, wurde zur Holzkohle oder sonstwie verfeuert. Dieser Raubbau am Wald erfolgte auch in Schottland. Auf uns wirken diese unbewaldeten Mittelgebirge sehr befremdlich.

Die Holzindustrie ist immer noch ein wichtiger Teil der neuseeländischen Wirtschaft und soll in nächster Zeit weiter an Bedeutung gewinnen. Überall auf der Reise wird man den Holztransportern begegnen, überall passiert man großflächig „abgeerntete" Wälder, wo die Stumpen aus dem Boden ragen. Gleichzeit versucht die Regierung einen Spagat zum Naturschutz mit Erhalt und Wiederherstellung der ursprünglichen Wälder, denn natürlich hat sich auch ihre Zusammensetzung geändert. Tonangebend ist die 1923 gegründete „Royal Forest and Bird Protection Society of New Zealand". Ein Drittel der Landfläche Neuseelands gehört dem Staat und unterliegt dem Schutz des Department of Conservation (DOC).
Geblieben sind nur noch spärliche Gebiete mit naturwüchsigem Wald, wo sogar gewaltige, tausende von Jahren alten Kauri-Bäume überdauert haben. Seit dem Jahr 2000 erst gilt ein Verbot, Holz in natürlichen Wäldern zu schlagen. Fressschädlinge wie das aus Australien eingeführte Possum schert das allerdings wenig …

Erfahrungsbericht Stefan Ketterer

Stefan, der bereits sechs Monate „Work and Travel" in Australien und zwei Wochen Baliurlaub hinter sich hatte, reiste im Anschluss noch zwei Monate nach Neuseealand; allerdings nur mit einem dreimonatigen Touristenvisum. Jedem, der sich einen längeren Aufenthalt wünscht und dabei arbeiten will, empfiehlt er jedoch das Working-Holiday-Visum.

„Gleich am Anfang wollte ich erfahren, wie die Neuseeländer, und besonders die Maoris, leben. Hier empfiehlt sich ein Museumsbesuch, da man dabei viel über die Maoris und ihre Kultur erfährt."

Von den Menschen war Stefan begeistert:

„Alle sind sehr locker, nett und hilfsbereit und laufen nicht gleich weg, wie zum Teil in Deutschland, wenn man sie z.B. auf der Straße nach dem Weg fragt. Da das Alleinreisen in Australien schon einfach war, habe ich mir die Organisation und dadurch viel Geld erspart, was auch im wunderschönen Neuseeland gut geklappt hat."

Nach seiner zweimonatigen Rundreise hat Stefan einige Tipps parat:

„Wer in Kaikoura (an der Westküste der Südinsel oberhalb von Christchurch) ist, hat die Möglichkeit, Wale zu sehen. Die Anbieter von Bootstouren versprechen, dass man auf jeden Fall Wale zu Gesicht bekommen wird – sonst hat man eine Geldzurück-Garantie oder darf eine weitere Tour machen. Ich war leider nicht da, aber beim nächsten Trip werde ich das auf jeden Fall in Angriff nehmen.

Da ich im Winter ankam, konnte ich leider nicht so viele Wanderungen machen wie im Sommer. Der Hammer ist aber, dass ich im Süden der Südinsel mit dicker Winterjacke herumlief und im Norden doch ab und zu mit T-Shirt; im Norden der Nordinsel oft sogar mit T-Shirt und kurzer Hose.

Fünf Tage lang wanderte ich mit drei Deutschen den Abel-Tasman-Weg, den ich nur empfehlen kann. Wir liefen drei Tage, teils im Wald, dann auch wieder wenige Schritte an der Küste entlang, aber immer mit Blick auf das Meer, und die restlichen Tage durchs Inland zurück. Wem das aber zu viel ist, der kann auch ein Wassertaxi zurücknehmen. Wir sahen traumhaft verlassene Strände und mussten zeitlich genau planen, da einige Flüsse nur bei Ebbe passierbar sind.

Wir übernachteten in Hütten (*huts*), ohne Strom und nur mit Holzofen und Matratzenlager bestückt. An geeigneten Stellen war Angeln möglich, was wir natürlich ausnutzten, leider ohne Erfolg. Das Land bietet eine vielfältige, traumhafte Natur, vielen auch bekannt vom Film „Der Herr der Ringe". Riesige Berge von 3754 m Höhe (Mt. Cook) und solch, die bis zu 1694 m fast kerzengerade aus dem Wasser im Fiordland ragen (Mitre Peak, Milford Sound). Man kann morgens eine Gletschertour unternehmen und nachmittags im Meer schwimmen. Im Tongariro National Park überquerten wir das Vulkangebiet (Tongariro Crossing). Ausgestattet waren wir mit Eiskrallen an den Schuhen, was wegen des Schnees und des Absturzrisikos empfehlenswert ist. An schneefreien Stellen konnte man sich eine Pause gönnen. Hier war der Boden warm, dampfte und rauchte, stank aber auch nach Schwefel. Immer wieder war ein Grollen zu hören, was sehr komisch war, weil nicht wirklich feststellbar war, ob es aus der Tiefe kam oder ob Lawinen von höher gelegenen Vulkanen ausgelöst wurden.

Auch Adrenalin-Junkies wird einiges geboten. Ich machte einen Skydive über 16.000 Fuß in Taupo. Das war das Eindrucksvollste überhaupt, und ich hätte Lust auf mehr!

In Queenstown kann man sich bei allerlei Aktivitäten austoben. Im Winter lohnt es sich, Ski oder Snowboard zu fahren und sonst z.B. Jet Boat, Bungee usw. Ich hatte viel Spaß in der Stadt, vor allem Partymachen konnte man dort gut. Es lohnt sich auch, auf den Queenstown Hill zu laufen, um die Alpenkette zu bestaunen. Da mir jeder empfahl, einen der berühmten Fergburger zu essen, tat ich das auch, und kann ihn nur weiterempfehlen. Er gehört zu einem Besuch in Queenstown schon fast dazu. Probiert ihn und ihr werdet sehn: www.fergburger.com.

Man sollte auch auf jeden Fall ein Rugby-Länderspiel der All Blacks sehen. Vor jedem Spiel wird der Haka aufgeführt, das traditionelle Ritual der Maoris mit lautem Gesang, Tanz und angsteinflößenden Gesichtszügen, das den Gegner einschüchtern soll. Wer sich das Spiel sparen möchte, bekommt den Haka auch bei Touristenaufführungen zu sehen.

Mit etwas Glück findet man entlang der Westküste auf der Südinsel sogar einen grünen Halbedelstein, für den Neuseeland berühmt ist: Jade. Ich habe am Strand danach gesucht und ging am nächsten Tag mit einer kleinen Tüte in einen Jade-Souvenirshop, um zu fragen, ob es auch wirklich Jade war, da es sehr viele Grünsteine gibt. Ich hatte aber – abgesehen von zwei kleinen Steinchen – nur Pech.

Dafür gibt's im Norden auf der Nordinsel, z.B. am 90 Mile Beach, Muscheln, die sich im Sand vergraben und die sich bei Ebbe gut ausbuddeln lassen; außerdem grüne Miesmuscheln, die im Wasser an den Steinen sitzen. Allerdings ist die Tagesfangration begrenzt."

Insgesamt genoss Stefan das ungebundene Leben sehr:

„Da ich mir mit einem Kollegen einen Campervan in Auckland gemietet hatte, konnten wir machen, was wir wollten und schliefen oft am Strand. Tagsüber konnten wir uns mit kurzer Hose und T-Shirt aufhalten, abends wurde es aber kalt. Trotz des Winters war es einfach toll, und wir fanden immer eine Möglichkeit zum Aufwärmen. Bei Coromandel z.B. gibt es einen Hot Water Beach mit Thermal-Quellen. Einfach bei Ebbe ein Loch in den Sand graben und sich wärmen. Aber nur nicht zu tief, denn das Wasser ist unglaublich heiß!"

Zu Fuß

Wanderer kommen in Neuseeland auf ihre Kosten – z.B. auf dem Weitwanderweg Te Araroa, was auf Maori so etwas wie „langer Pfad" heißt. Dieser erstreckt sich über 3000 km vom äußersten Norden (Cape Reinga) bis in den Südzipfel der Südinsel (Bluff). Die Gesamtstrecke ist in etwa vier Monaten zu bewältigen; man kann aber zwischen zahlreichen Teilabschnitten wählen.

Auf der Nordinsel führt der Weg am Tongariro Nationalpark vorbei und entlang der Flusslandschaft des Whanganui Rivers. Auf der Südinsel folgt er dann dem östlichen Rand der Südalpen, nimmt die Regenwälder Fiordlands mit und endet schließlich im südlichen Bluff. Näheres, inkl. Kartenmaterial und Reiseberichte ehemaliger Wanderer, auf www.teararoa.org.nz.

Ein weiterer beliebter Wanderweg ist der 16 Kilometer lange Coast to Coast Walkway, der in ca. 5 Stunden vom Pazifischen Ozean durch Auckland bis zum Manukau Harbour an der Tasmansee führt. Wer mit öffentlichen Verkehrsmitteln zum Anfang des Wanderwegs im Viaduct Harbour fahren möchte, informiert sich hier: MAXX, T. 09 366 6400, www.maxx.co.nz.

Erfahrungsbericht Carolina Klein

Carolina erzählt von ihrer Wanderung auf dem Queen Charlotte Track:

„Die Natur Neuseelands ist unbeschreiblich vielfältig, und die Teilnahme an einem der zahlreichen Tracks oder Walks bietet die Möglichkeit, diese hautnah zu erleben. Im Gegensatz zu Europa, wo Wandern ein angestaubtes Image besitzt, hat ein „Walk" oder „Track" in Neuseeland einen ausgesprochen sportlichen und jugendlichen Charakter. Überall im Land trifft man auf Einheimische und Auswärtige, die dieser Art der Fortbewegung verfallen sind. Und auch mein erster Track ließ nicht lange auf sich warten, sondern überraschte mich schon nach wenigen Tagen."

Auf der Fährfahrt von Wellington nach Picton lernte Carolina den Österreicher Anton kennen. „Die dreieinhalbstündige Fahrt nutzten wir dazu, über Gott und die Welt zu reden. Dabei kamen wir auch auf das Thema

„Wandern“, und beim Einlaufen in den Hafen Pictons stand fest: Anton und ich würden uns an die 71 km des Queen Charlotte Tracks wagen, der durch die wunderbaren Marlborough Sounds verläuft. Hätten meine Familie und meine Freunde mich gesehen, sie hätten mich für verrückt erklärt – ich und wandern!“

Den Tag der Ankunft in Picton nutzten die beiden dazu, Informationen über die Route einzuholen, genügend Lebensmittel zu besorgen und Carolinas Camping-Ausrüstung zu vervollständigen.

„Anton war überzeugter Camper, und somit stand schnell fest, dass in den vier Tagen kein festes Bett, sondern ein Zwei-Mann-Zelt mit Schlafsack unser Nachquartier sein würde. Mit unseren unbarmherzig vollgestopften Rucksäcken auf dem Rücken ging es am nächsten Morgen frisch und ausgeschlafen los. Da es sich um unseren ersten Track handelte, trugen wir mindestens jeder 15 Kilo mit uns herum – viel zu viel! Die Landschaft, die uns in den kommenden Tagen erwartete, war jeden einzelnen harten Schritt wert: wunderbare Buchten mit glasklarem tiefblauen Wasser, im Hintergrund gewaltige himmelstürmende Bergketten, verwunschene regenwaldartige Hohlwege bewachsen mit wildem Farn, aber auch karstige Hügellandschaften, an österreichische Almidylle erinnernd – unfassbar!“

Einen Satz lernte Carolina bei ihrem ersten Walk: Back to the Basics!

„Im Vergleich zu den vom Department of Conservation (DOC) betriebenen Übernachtungsmöglichkeiten sind die „Backpacker“ wirkliche Luxushotels. Was wir zu Ende eines langen Tages resigniert vorfanden, waren neben freien Wiesen zum Zelten ein Wasseranschluss und eine kleine Toilettenhütte (Plumpsklo!). Während mich dieser Umstand am ersten Abend noch in einen Schockzustand versetzte, wurde mir schnell klar: Der Mensch braucht ein gutes Frühstück, ein warmes Abendessen und einen gemütlichen Schlafsack – darauf kommt es an!“

Im Laufe ihrer Tour machten Carolina und Anton Bekanntschaft mit dem neuseeländischen Volksfeind, dem Opossum.

„Diese flauschigen Tierchen, eine Gattung der Beutelratten, sehen im Fernsehen ganz niedlich aus – in der freien Wildbahn sind sie aber ganz schön lästig. Sobald es dunkel wird, kommen sie auf Futtersuche aus den Wäldern und Gebüschen gekrochen. Dabei haben sie keinerlei Skrupel, armen, schwachen Backpackern die mühsam angeschleppten Vorräte zu klauen. Da sie nie alleine unterwegs sind, fallen sie meist als Horde über den Backpacker her und liefern dabei ein lautstarkes Spektakel ab."

Abschließend versichert Carolina:

„Dieser Track und auch alle weiteren Walks auf den Inseln haben viel Freude bereitet, und ich kann jedem Neuseeland-Reisenden nur wärmstens empfehlen, sich die Wanderschuhe überzustreifen, den Rucksack auf den Rücken zu schnallen und loszuwalken!"

Die Autorin von *„Abenteuer Auswanderung - Ein neues Leben in Neuseeland"* hat ganz andere Erfahrungen gemacht und schreibt über eine Wanderung auf dem 43 Kilometer langen Tongariro Northern Circuit im Tongariro Nationalpark:

„Schon nach wenigen Schritten erreichten wir wieder den auf dieser Strecke gut gepflegten, geschotterten Hauptweg. Beim ersten Blick auf den Weg traf uns beinahe der Schlag: Menschen über Menschen, Hunderte von Leuten marschierten im Gänsemarsch den Weg entlang. In der Ferne sah es aus wie eine Ameisenstraße. Wo kamen die denn plötzlich alle her? Gestern war es doch so einsam gewesen. Sie gingen alle das eintägige Tongariro Alpine Crossing und waren deutlich schneller unterwegs als wir, denn sie hatten gar keine oder nur leichte Tagesrucksäcke dabei. Auf dem schmalen Holzbohlenweg wurden wir fix zum Verkehrshindernis und mussten immer wieder anhalten, um die Massen vorbeizulassen. Es blieb kaum Zeit, die faszinierende Berglandschaft zu genießen, so stressig ging es zu."

Mit dem Rad

Totz seiner vielen Steigungen lässt sich Neuseeland hervorragend mit dem Rad bereisen. Außer den Motorways können alle Straßen benutzt werden, meist auf dem Seitenstreifen. Warum nur, warum?

Wichtig: Es gilt die Helmpflicht!

Das Wetter stellt den Radfahrer vor einige Herausforderungen. Auf der Südinsel ist besonders im Spätherbst und -frühjahr mit starken Westwinden zu rechnen. Dann kommt es auch immer wieder zu heftigen Regengüssen. Östlich der Southern Alps können stürmische Windböen auftreten, die zuweilen sogar Autos umwehen können. Auf der Nordinsel herrschen starke Westwinde, und zwischen Januar und Mai kann es zu tropischen Wirbelstürmen mit starkem Wind und Regenfällen kommen. Empfehlenswerte Radelzeiten sind November bis April auf der Süd- und Oktober bis Mai auf der Nordinsel.

Wer nicht sehr fit ist bzw. sein ganzes Gepäck nicht selber mitschleppen möchte, kann auch Touren von 6 bis 18 Tagen Dauer buchen.

Das eigene Fahrrad von Zuhause mitzunehmen lohnt sich nur bei einem längeren Aufenthalt. Näheres dazu bei der Fluggesellschaft. Meist wird das Rad in Karton verpackt oder so gut es geht zusammengeschraubt (Lenker um 90° drehen, Pedale und Sattel abschrauben).
Wer das Fahrrad in Neuseeland mieten oder kaufen möchte, sollte sich nach einer „buy back"-Option erkundigen, d.h. man kauft das Rad mit der Garantie, es dem Verkäufer nach der Reise wiederverkaufen zu können, meist zur Hälfte des ursprünglichen Preises. Fahrräder für einen längeren Zeitraum mieten kann man am besten in Auckland, Christchurch und Nelson, z.B. bei den folgenden Unternehmen:

Bicycle Rentals, Christchurch, T. 03 982 2966, www.bicyclerentals.co.nz,
Vertigo Bikes, Queenstown, T. 03 442 8378, www.vertigobikes.co.nz,
Mud Cycles, Wellington, T. 04 4764961, www.mudcycles.co.nz,
Cycle Auckland, www.cycleauckland.co.nz, T. 09 445-1189.

Gegen eine Gebühr lassen sich Räder in den meisten Zügen, Fähren und Bussen mitnehmen.

Die Zeitschrift *Pedallers's Paradise* für Radfahrer, stellt die Nord- und Südinsel mit allen Radstrecken, Höhenprofilen und Entfernungen eingehend vor. Auch Werkstätten, Fahrradgeschäfte und Hostels sind darin zu finden. Die Webseite versprüht den Charme der Achtziger: www.paradise-press.co.nz.
Ein neuseelandweites Fahrradwegenetz ist in Arbeit, der *New Zealand Cycle Trail*, kann ähnlich wie der Weitwanderweg auch streckenweise bereist werden. Hier Details:
www.tourism.govt.nz/Our-Work/New-zealand-Cycle-Trail-Project.

Busse / Coach

Mit dem Bus ist gut Fortkommen, da er das bestausgebaute öffentliche Verkehrsnetz des Landes hat. Auch in entlegenere Gegenden erreicht man bequem. Bezahlbar ist die ganze Sache obendrein.
Zu unterscheiden sind Fernbusse (*coaches*), die auch von Neuseeländern selber genutzt werden, um von A nach B zu gelangen, und Tourenanbieter, die Reisegruppen zu besonders sehenswerten Teilen Neuseelands bringen. Bei letzteren ist die Betreuung der zumeist jungen Gruppenteilnehmer i.d.R. inklusive, und meist ist ein Programm dabei, man übernachtet gemeinsam in Hütten oder Zeltlagern u.ä. Fernbusse bieten Buspässe an, die besonders Rucksackreisenden zupass kommen, z.B. für bestimmte Routen, oder mit einem Flexipass, s.u.

Zu erwähnen sind bei den Tourenanbietern:

- ***Kiwi Experience*** ("Party-Bus" mit viel jungem Volk, bietet flexible Buspässe an. www.kiwiexperience.com)
- ***Stray Bus*** (ähnlich *Kiwi Experience*: feiernde jüngere Reisende. www.straytravel.com)
- ***Flying Kiwi*** (weniger Party und mehr Natur versprechen die Flying Kiwi-Touren, bei denen an Seeufern, in Strandnähe usw. gecampt wird: www.flyingkiwi.com)
- ***Travel HeadFirst*** (Ein- bis Siebentagestouren im Süden, Fokus auf Meeressäugern, http://travelheadfirst.com/)

Günstige Busgesellschaften sind dagegen:

- ***Atomic Shuttles*** (Südinsel; günstige Tarife und immer wieder Rabatte auf bestimmte Strecken. www.atomictravel.co.nz)
- ***InterCity Coachlines*** (Tickets ab 1 NZ$. www.intercity.co.nz)
- ***Naked Bus*** (Tickets ab 1 NZ$ – je früher man bucht, desto billiger, allerdings versteckte Kosten (Gepäck). http://nakedbus.com/)
- ***Newmans Coachlines*** (Auch Tagesausflüge. http://www.intercity.co.nz)
- ***Southern Link*** (Südinsel; www.southernlinkcoaches.co.nz)

Alle nötigen Auskünfte zu Fahrplänen, Preisen, Vergünstigungen, Verkaufsstellen etc. sind übers Internet auf den jeweiligen Webseiten der Busunternehmen zu erfragen. Eine Übersicht aller Busgesellschaften findet sich auf www.tourism.net.nz/, > Transport, > Backpacker Transport/.

Intercity – Flexipass

Eine gute Möglichkeit für Individualreisende ist der Flexi-Pass der Busgesellschaft InterCity Group. Der Pass wird in Zeitblöcken verkauft, z.B. ein 15-Stunden-Block zu derzeit 115 NZ$, ein 30-Stunden-Block zu derzeit 226 NZ$ oder ein 60-Stunden-Block zu derzeit 443 NZ$. Es können auch jederzeit Zusatzstunden dazugekauft werden, bspw. 1 Stunde zu 8 NZ$ oder 5 Stunden zu 39 NZ$.

Neben einem gut ausgebauten Streckennetz lässt sich mit der *Interislander Ferry* auch eine Fährverbindung zwischen der Nord- und Südinsel nutzen.

Der Flexi-Pass wird online verwaltet und kann ohne Weiteres weiterverkauft werden, wenn nicht alle Stunden aufgebraucht wurden. Hotline, T. 0800 222 146. Näheres auf www.intercity.co.nz/bus-pass/flexipass/.

Züge

Es fehlt ein gut ausgebautes Eisenbahnnetzwerk. Nicht verwunderlich, dass es in manchen Städten schwierig sein kann, den Bahnhof zu erreichen: Oft wird er von öffentlichen Bussen gar nicht angefahren, und das Trottoir führt auch nicht immer ganz hin. Rund um Auckland ist zumindest der Nahverkehr gut ausgebaut, aber insgesamt ist der Zug kein gängiges Fortbewegungsmittel. Dafür zählt aber z.B. die Zugstrecke über den St. Arthurs Pass zu den schönsten der Welt. Von Auckland nach Wellington fährt man mit dem „Overlander“ in ca. 12 Stunden durch die satte grüne Landschaft, wie aus den Herr der Ringe-Filmen bekannt (inkl. Mount Doom, der in Wirklichkeit Mount Ngauruhoe heißt). Das Ticket sollte man spätestens 24h vor Abreise kaufen. Es kostet an die 70 NZ$, ist aber auch günstiger zu haben, wenn man früh bucht. Seltsam.

www.tranzscenic.co.nz

Fähren

Klar, dass ein Inselstaat wie Neuseeland eine ordentliche Fährverbindung hat. Von Wellington aus fahren mehrmals pro Tag Fähren nach Picton; die Strecke ist 92 km lang und dauert etwa drei Stunden. Autos können auf allen Fähren mitgenommen werden; der Platz ist allerdings rechtzeitig im Voraus zu buchen.

- www.fullers.co.nz/ (verbindet Auckland mit verschiedenen Zielen, z.B. Gulf Harbour, Waiheke Island (Orapiu), Coromandel etc.)
- www.bluebridge.co.nz (Cook Strait Ferry, mehrmals täglich von Wellington nach Picton)
- www.fullers.co.nz (verbindet Auckland mit verschiedenen Zielen im Hauraki Gulf, z.B. Waiheke Island (Orapiu), Rangitoto Island, Harbour, Coromandel etc.)
- www.interislander.co.nz (Cook Strait Ferry, mehrmals täglich von Wellington nach Picton)
- www.stewartislandexperience.co.nz (verbindet die Südinsel (Bluff) mit Stewart Island, ca. 1 Stunde Fahrt)
- www.sealink.co.nz (verbindet Auckland mit Waiheke Island und Great Barrier Island)

Flugzeug

Die Fluggesellschaft Air New Zealand fliegt eine Reihe von Orten im Land an. Kleinere Fluggesellschaften bieten Rundflügen bzw. *Scenic Flights* sowie *Skydiving* (Fallschirmsprung) an.

- www.airnz.co.nz (Air New Zealand, verbindet viele neuseeländische Städte untereinander; ebenso Flüge nach Australien, Papua Neuguinea, Hong Kong, etc.)
- http://www.barrierair.kiwi/ (kleine Passagiermaschinen bis 30 Sitze, verbindet Auckland, North Shore's Dairy Flat, Whangarei, Whitianga, und Matarangi)

- www.jetstar.com (austral. Fluglinie, die Auckland, Wellington, Christchurch und Queenstown verbindet)
- www.mountainair.co.nz (Rundflüge um Tongariro National Park auf der Nordinsel)
- www.soundsair.com (verbindet Picton, Wellington, Blenheim und Nelson)

Auto

Der Linksverkehr erfordert einiges an Umgewöhnung, da mit der linken Hand geschaltet wird, sich Blinker und Scheibenwischer jeweils auf der anderen Seite befinden etc. Gefährlich wird's, wenn man Tankstellen oder Ausfahrten verlässt, weil man immer wieder einen Hang zur falschen Fahrbahnseite hat.
Eine Besonderheit sind Auto- und Einbahnbrücken, auf denen mitunter auch noch eine Eisenbahn verkehrt. Verkehrsschilder weisen auf diese Situation hin und geben Aufschluss über die Vorfahrtregelung.

Die wichtigsten Verkehrsregeln in Kürze:

- Vorfahrt: rechts vor links
- Höchstgeschwindigkeiten: Landstraßen und Autobahnen 100 km/h, Ortschaften 50 km/h
- Promillegrenze: Fahrer unter 20 Jahren 0,3, Fahrer darüber 0,8
- Anschnallpflicht für alle Fahrzeuginsassen

Wer sich länger als zwei Monate im Land aufhält, ist gut beraten, über einen Autokauf nachzudenken. Lässt man sich nicht übers Ohr hauen und behandelt den Wagen gut, kann man ihn am Ende der Reise u.U. zum gleichen Preis wieder losschlagen. Eine Rolle spielt dabei natürlich immer auch die Reisezeit – wer sich ein Auto zu Beginn des neuseeländischen Sommers kauft und es danach wieder loswerden möchte, muss meist Abstriche beim Preis machen, da die Konkurrenz der Wiederverkäufer zu der Zeit sehr stark ist.

Autokauf

Es gibt mehrere Möglichkeiten beim Autokauf. Zum einen über Anzeigen in Zeitungen oder auf Webseiten, zum anderen über Straßenverkäufe oder natürlich Gebrauchtwarenhändler. In den meisten Städten finden auch immer wieder *car fairs* statt, wo gebrauchte Autos ge- und verkauft werden. Es gibt mittlerweile auch so genannte „buy back companies", die einem nicht nur Autos verkaufen, sondern diese nach einer bestimmten Zeit zu einem vorher festgesetzten Preis wieder abkaufen.
Die meisten backpackergeeigneten Autos werden in Auckland, Wellington und Christchurch angeboten. Annoncen finden sich meist an den schwarzen Brettern im Supermarkt und in Hostels, bei Werkstätten und Gebrauchtwarenhändlern.

Nützliche Webadressen:

- http://auckland.gumtree.co.nz/
- www.autotrader.co.nz
- www.backpackerboard.co.nz/noticeboard/cars-campervans.php
- http://www.backpackercarworld.com/ (Auckland, Christchurch)
- www.carfair.co.nz (Auckland Car Fair, sonntags auf dem Ellerslie Racecours)
- www.finda.co.nz
- www.trademe.co.nz
- www.turners.co.nz

Wer den Wiederverkäufern – oder seinen eigenen Sprachkenntnissen – nicht ganz traut, findet bei *Kiwi Cruise Control* deutschsprachige Hilfe in allen Fragen rund ums Autofahren und -kaufen in Neuseeland. Die Inhaber (deutsche Ex-Backpackerin und neuseeländischer Mechaniker) bieten nicht nur gründlich durchgecheckte Autos, Flughafenabholung, eine Einführung in den Linksverkehr und eine Rückkauf-Option, sondern auch Hilfe bei allen möglichen Formalitäten – auch über den Autokauf hinausgehende wie die Eröffnung eines Kontos oder die Beantragung der Steuernummer. T. +64 9 2919 091, H. +64 21 744 444, webanfrage@kiwicruisecontrol.de, www.kiwicruisecontrol.de.

Andreas Otto, der mit ausreichend finanziellen Reserven nach Neuseeland kam, suchte sich bewusst ein Auto, das über dem durchschnittlichen Backpacker-Preis lag.

„Die meisten wollen zwischen 500 und 2.000 Dollar ausgeben, und da gibt es meist nur Kisten, die schon ziemlich am Ende sind, und die man dann zum Ende seines Trips am Strand oder am Flughafen stehenlassen kann, wie es tatsächlich vielfach praktiziert wird.

Ich kaufte mir einen Kombi (Subaru Station Wagon) für 3.500 Dollar, also ungefähr dem Doppelten, was der normale Backpacker für sein Gefährt ausgibt. Damit hatte ich aber einen Wagem, in dem ich zur Not auf der „Ladefläche“ schlafen konnte, mit Allrad, Klimaanlage und 280 PS – was ich beim Kauf aber noch nicht wusste, da niemand sein Auto mit der Leistung oder gar dem Verbrauch ins Internet setzt. Es interessiert wirklich niemanden – bei den damaligen Spritpreisen auch kein Wunder!

Mein Auto verbrauchte je nach Fahrweise zwischen 11,5 und 15,5 Liter Super, für deutsche Verhältnisse also viel.

Zu Ende meiner Reise konnte ich den Wagen glücklicherweise wieder zum Kaufpreis losschlagen, mit 12.000 km mehr auf dem Tacho. Das Auto kostete mich also nur eine Reparatur und den Wechselkursverlust, ca. 500 € insgesamt.“

Versicherung

Eine Autoversicherung ist in Neuseeland nicht vorgeschrieben. Es empfiehlt sich jedoch, eine so genannte *Third Party Insurance* abzuschließen, damit im Falle des (Un-)Falles keine Unsummen zu berappen sind.

Hier Details von Excelsior: http://www.newexcelsior.co.nz/ und im Folgenden einige Stellen, die Versicherungen anbieten:

- ***Fintel**: T. 0800 801 801, http://fintel.co.nz/*
- ***AMI:** T. 0800 100 200, www.ami.co.nz*
- ***Tower:** T. 0800 808 808, http://tower.co.nz/*
- ***AA**: T. 0800 500 221, www.aa.co.nz*
- ***BBH**: T. 03 379 3014, https://www.bbh.co.nz/bbh_ClubCardBuyPublic.aspx*

TÜV & Co.

Das Gegenstück zu unserem TÜV ist der *Warrant of Fitness* (WOF), bei älteren Autos alle sechs Monate durchzuführen. Kosten ca. 60 NZ$. Der jeweils nächste Termin findet sich auf einem Aufkleber auf der Windschutzscheibe.

Zusätzlich ist die „Rego" zu berappen, d.h. die „vehicle licence", eine Straßenzulassung. Der Nachweis ist ebenfalls auf einem Aufkleber an der Windschutzscheibe zu finden. Die Registrierung kostet ca. 25 NZ$ pro Monat und lässt sich auf der Post erledigen.

Diesel-Fahrzeuge, die wegen des geringeren Benzinpreises auf den ersten Preis günstiger erscheinen, erfordern noch eine zusätzliche Gebühr, die pro Kilometer berechnet, aber im Voraus entrichtet wird. Diese „Dieselsteuer" wird in Neuseeland *Road User Charge* (RUC) genannt.
Das Auto ist auf den neuen Besitzer zu überschreiben („Change of Ownership"), was ca. 50 NZ$ kostet und in jeder Poststelle bzw. beim Autohändler selbst erledigt werden kann.

Mängel

Man sollte sich genau nach den letzten Reparaturen erkundigen – wann wurde der Zahnriemen (*cam belt, timing belt*) zuletzt gewechselt, wann war der letzte WOF-Check?

Hier ein paar Tipps, worauf beim Autokauf zu achten ist:

- Rost zählt zu den Hauptgründen, warum Autos ihren WOF nicht mehr schaffen. Ihn zu beheben, kann teuer kommen. Deshalb sollte man auf übermäßigen Rostbefall achten, besonders im Bereich der Türscharniere.
- Läuft Öl in den Motor, so geht dieser letztlich kaputt. Zum Überprüfen sollte jemand den Auspuff beobachten, während man den Motor aufheulen lässt – je mehr schwarzer oder blauer Rauch aufsteigt, desto mehr Lecks im Motor. Vorsicht: Zum Vertuschen wird dem Öl gerne mal ein Verdicker beigemischt – am besten fährt man also ein paar Mal um den Block und testet dann noch mal.
- Der Motor sollte gleichmäßig laufen und nicht stottern oder aufheulen
- Öl überprüfen – altes Öl ist tiefschwarz, neues karamellfarben.
- Scheinwerfer überprüfen! Es ist natürlich verboten, mit defekter Lichtanlage zu fahren.

- Neuseeland hat viele Steigungen – am besten den Motor überprüfen, indem man einen Hügel hinauffährt. Klopft der Motor („pinking“), so stimmt etwas mit der Zündung nicht
- Hat das Auto einen Links- oder Rechtsdrall beim Fahren; muss das Lenkrad zum Geradeausfahren gedreht werden? Das kann auf eine beschädigte oder abgenutzte Achse hinweisen und damit auf eine sehr teure Reparatur

Hier eine ausführlichere Checkliste und weitere Tipps: Samarins, www.samarins.com/check/simplecheck.html zu finden.

Car History

Unbedingt ist eine rechtliche Überprüfung durchzuführen, um zu verhindern, dass man ein Auto mit Altlasten kauft (z.B. Strafzettel, unbezahlte Raten etc.). Die gehen nämlich automatisch auf den neuen Besitzer über. Die Überprüfung kostet ca. 20 NZ$ und ist online oder auf einem Postamt möglich: www.motorweb.co.nz.

Erfahrungsbericht Tim Kath

Von seinen Erfahrungen beim Autokauf berichtet Tim:

„Nach den ersten Reise-Erfahrungen per Hitchhiking und Bus haben meine Freundin und ich uns doch zur Fortbewegung im eigenen Fahrzeug entschlossen. Ein Van sollte für die nächsten drei Monate unser treuer Begleiter werden. Gründe wie Unabhängigkeit und Freiheit kombinierten sich vorteilhaft mit praktischen und sparsamen Aspekten.

Wir waren uns aber zunächst ziemlich unsicher, ob wir ein Auto mieten oder kaufen sollten. Wir rechneten hin und her, grübelten, hofften (da wir beide nicht besonders viel von Autos, Motoren und Co. verstanden) auf Glück und entschieden uns zu einem Kauf. Ein Vergleich mit Mietwagen zeigte, dass der Kaufpreis eines alten Fahrzeuges mit ein bis zwei Monatsraten gleichzusetzen ist. Wir verglichen also die Angebote auf Internetseiten wie www.trademe.co.nz und sozialen Netzwerken, an Pinnwänden in Hostels und Internetcafes sowie an diversen Autos auf der Straße, an denen „For Sale“ stand. Wir schauten uns gerade mal zwei Fahrzeuge genauer an. Die Entscheidung zwischen den beiden trafen wir nach zwei Testfahrten, eher unfachmännischen Blicken in den Motor- und Innenraum sowie einer selbst erstellten Pro und Contra-Tabelle mit den wichtigsten Eckdaten. Wir entschieden uns wegen der folgenden fünf Punkte für das teurere Modell zum Ursprungsangebot von 2.500 NS$: Der rote, von uns „Holy Brienl“ getaufte Van hatte als erstes noch den wichtigen und unumgänglichen WOF für die nächsten fünf Monate. Da er in Neuseeland alle sechs Monate erneuert werden muss, wir den Van aber nur drei Monate fahren wollten, brauchten wir uns darum erst einmal nicht zu kümmern. Der zweite wichtige Punkt für uns war die Registrierung. Jedes Fahrzeug wird neben dem WOF-Aufkleber noch mit einem Registrationsaufkleber an der Frontscheibe verziert. Der „Sticker“ verrät das amtliche Kennzeichen sowie das Ablaufdatum der Registration, die man für drei, sechs oder zwölf Monate in fast jedem Postamt erledigen kann. Der bürokratische Aufwand ist unkompliziert, kostet ein paar Dollar (um die 75 NS$ für drei Monate) und ist in wenigen Minuten abgeschlossen. Im Postamt wird auch der Besitzer des Fahrzeuges offiziell geändert. Man braucht keinen umfangreichen Kaufvertrag, sondern füllt das einseitige Formular mit altem und neuem Besitzer aus und bekommt eine Karte mit dem eigenen Namen sowie dem amtlichen Kennzeichen. Pass und evtl. Führerschein nicht vergessen! Fahrzeugpapiere wie bei uns gibt es nicht. Es funktioniert alles elektronisch.

Der dritte und vierte Punkt, der uns von dem roten, 22 Jahre alten und bereits über 300.000 Kilometer gelaufenen Van überzeugte, waren gute Reifen und ein dem Alter entsprechend ruhiges, sicheres Fahrgefühl. Der fünfte Punkt belief sich auf die Glaubhaftigkeit und Sympathie des Verkäufers. Der komplett tätowierte, gepiercte, langhaarige Mann war Neuseeländer und versicherte uns, dass das Auto nur wenige Vorbesitzer hatte. Eine Bestätigung dieser Aussage erhielten wir sogar schriftlich von der Registrierungsstelle. Die Fahrzeuggeschichte (car history) sowie andere allgemeine Infos kamen per Post an uns, die neuen Besitzer. Wir verhandelten anschließend noch einmal um den Preis, drückten diesen auf 1.800 NS$, da zum Beispiel kein Radio vorhanden war, und zahlten alles in bar. Achtung: Man kann meist nur einen bestimmten Höchstbetrag am Tag abheben (bei uns waren es 800 NS$).

Anschließend schlossen wir vor dem Losfahren noch eine Haftpflichtversicherung (Third Party) ab, in Neuseeland keine Pflicht, aber auf jeden Fall ratsam. Im Falle eines Unfalls mit einem anderen Fahrzeug wird so zumindest der Schaden der Gegenpartei beglichen. Das kann bei einem neuen Auto schnell einige Tausend Dollar kosten. Im Ernstfall ist aber das eigene Auto damit nicht versichert. Einen Kaskoversicherungsschutz kann natürlich auch eingehen, wer auf Nummer Sicher gehen möchte. Versicherungsunternehmen gibt es viele. Als „Geheimtipp“ möchten wir noch erwähnen, dass ich der freundlichen Versicherungsfrau erzählte, dass wir mehrere Monate in Neuseeland unterwegs sein würden und somit nicht als Tourist kategorisiert werden wollten –Touris blechen nämlich das Vierfache.

Die Versicherung schlossen wir fürs ganze Jahr ab und zahlten um die 100 NS$. Wir fuhren das Fahrzeug schließlich nur drei Monate und bekamen den Restbetrag (ca. Dreiviertel) auf unser Konto erstattet. Unterm Strich zahlten wir so nur 25 Dollar Haftpflichtversicherung.

Vorsichtshalber unterzeichneten wir die Mitgliedschaft im AA, der Automobile Association. AA ist wie der ADAC und hätte uns in der Zeit sechsmal kostenlos Pannenhilfe gegeben bzw. abgeschleppt. Zum Glück mussten wir die drei Monate nicht ein einziges Mal auf die AA-Mitarbeiter zurückgreifen und blieben auch sonst von Reparaturen, ausgenommen einem platten Reifen, verschont.

Der Vollständigkeit halber möchten wir nicht versäumen, auch Schattenseiten aufzuzeigen, die wir in Gesprächen mit anderen Backpackern gehört hatten. Geschichten von kostspieligen Reparaturen nach kürzester Zeit hörten wir leider auch. So etwas muss einem bewusst sein. Es kann immer vorkommen.

Neben dem Privatautomarkt gibt es natürlich auch Autohäuser, die sich zum Teil auf Backpackerwagen verlegt haben, sogar mit Rückkaufgarantie. Auckland und Christchurch sind da die besten Anlaufstellen. Unser privater Autoverkauf war nach nur vier Tagen Werbe-Initiative durch Internetannoncen und Aushänge abgeschlossen. Wir hatten vier Fahrzeugbesichtigungen zu organisieren und verkauften schweren Herzens unsere geliebte „Holy Brienl“, sogar mit etwas Gewinn. Für uns war der Autokauf/-verkauf genial, da wir ausschließlich Benzinkosten als tatsächliche Kosten zu begleichen hatten. Der Kaufpreis deckte sich mit dem Verkaufspreis. Zudem genossen wir weitere Vorteile wie die Ersparnis von Übernachtungskosten durch friedliches, aussichtsreiches Schlummern im Van sowie günstiger Nahrungskauf auf Vorrat.“

Zum Schluss möchten Tim und seine Freundin künftigen Autokäufern noch etwas Wichtiges auf den Weg mitgeben:

„Bei einem Dieselfahrzeug ist darauf zu achten, dass man im Gegensatz zum Benziner noch zusätzliche Gebühren pro Kilometer zu entrichten hat. Diesel ist immer ein Viertel billiger als Benzin."

Auto mieten

Unter Umständen kann es günstiger sein, ein Auto nur zu mieten und nicht zu kaufen, z.B., wenn man unter drei Monaten unterwegs ist. Zu bedenken ist allerdings, dass man zum Automieten mindestens 21 Jahre alt sein muss, und die Versicherung für alle unter-25-Jährigen teuer ist.

Es gibt allerdings gewaltige Preisunterschiede – so ist beispielsweise derselbe Campervan, der im September ca. 30 NZ$ pro Tag kostet, in der Hochsaison im Sommer mit 150 NZ$ pro Tag gut fünfmal so teuer.

Wer schon den genauen Zeitraum weiß, zu dem er ein Auto mieten möchte, kommt meist günstiger weg, wenn dies bereits von Europa aus gebucht wird. Erstens erhält man so für den ausgemachten Preis u.U. ein besseres Auto, wenn das gebuchte Modell nicht da ist, und zweitens sind die Tarife auf diese Weise häufig erschwinglicher.

Mitfahrgelegenheiten

Trampen kennt man auch in Neuseeland, und auf typischen Fahrstrecken muss man meist nicht lange herumstehen, bis einen entweder einer der vielen Backpacker oder ein freundlicher Einheimischer mitnimmt. Ein wenig Vorsicht ist natürlich auch in Kiwiland geboten – am besten nutzt man eher das Schwarze Brett in Hostels, wo Mitfahrgelegenheiten aushängen, damit man sich vor der Abfahrt ein Bild vom Fahrer machen kann.

In Auckland und Wellington gibt es außerdem Mitfahrzentralen, die gegen eine Gebühr von derzeit ca. 15 NZ$ Mitfahrgelegenheiten vermitteln. In Auckland ist das *Travelpool*, T. 09 307 0001, geöffnet von 9 bis 20 Uhr. In Wellington heißt die Mitfahrzentrale *Travelshare*, T. 04 473 5558, geöffnet von 8 bis 21 Uhr.

Fündig wird man natürlich auch im Internet, z.B. auf www.jayride.co.nz, http://nz.gonshare.com/ oder http://new-zealand.catchalift.com/

Von seinen Erfahrungen beim Trampen berichtet Stefan Ketterer:

„Was sich auch empfiehlt, ist Hitchhiken. Einfach an die Straße stellen und den Daumen rausstrecken. Wenn ich niemanden gefunden hatte, mit dem ich weiterreisen konnte, habe ich mich einfach an die Straße gestellt und musste selten lange warten. Ich habe Rucksackreisende getroffen, die Neuseeland ausschließlich per Anhalter bereisten.

Die Leute, die mich mitnahmen, schilderten mir oft, was es unterwegs zu sehen gab und waren neugierig, was ich schon gesehen hatte und wo ich herkam.

Die beste Erinnerung war, als ich mit einem Hostel-Kollegen vollgepackt zum Highway lief, um zu hitchhiken. Eine junge Frau hielt an, weil sie wegen des vielen Gepäcks, mit dem wir uns abschleppten, Mitleid mit uns hatte. Die Neuseeländerin besaß allerdings nur ein kleines Auto, das mit einem Stuhl und einer Mikrowelle eigentlich schon so voll beladen war, dass zwar für zwei Personen Platz war, aber nicht für unsere großen und kleinen Backpacks und die vier prallen Plastiktüten. Irgendwie schafften wir es aber dann doch, das kleine Auto am Standstreifen umzuladen. Bewegen konnten wir uns aber im Auto nicht mehr ...“

Entfernungen

Im Folgenden einige der häufigsten Fahrtstrecken und die ungefähre Fahrtdauer mit Auto und ggf. Fähre:

- Wellington – Auckland: 658 km, ca. 9 Stunden
- Wellington – Rotorua: 460 km, ca. 6 Stunden
- Wellington – Napier: 323 km, 4-5 Stunden
- Wellington – Christchurch: 414 km, ca. 5 Stunden
- Auckland – Christchurch: 1054 km, ca. 14 Stunden
- Auckland – New Plymouth: 357 km, ca. 5 Stunden
- Auckland – Rotorua: 234 km, 3-4 Stunden
- Napier – Rotorua: 225 km, 3-4 Stunden
- Christchurch – Dunedin: 362 km, ca. 5 Stunden
- Christchurch – Invercargill: 578 km, ca. 8 Stunden
- Christchurch – Queenstown: 487 km, 6-7 Stunden
- Queenstown – Invercargill: 189 km, 2-3 Stunden
- Queenstown – Dunedin: 281 km, ca. 4 Stunden
- Dunedin – Invercargill: 217 km, ca. 3 Stunden

Auf *www.newzealand.com* kann man ungefähre Reisezeiten bzw. Entfernungen zwischen zwei Orten in Neuseeland ausrechnen.

Sparen

Ein Dauerzustand aller Backpacker ist es, jeden Dollar mindestens zweimal umdrehen zu müssen. Ein Elend! Schlecht bezahlte Jobs lassen sich eben mit reiselustigen und lebenshungrigen Gemütern schwer vereinbaren. Sparsamkeit wird deshalb einfach mit dazugehören.

Essen

Sparen beginnt bereits beim Einkauf von Lebensmitteln. In *Grocery Stores* sind alle Lebensmittel erhältlich, die das Herz begehrt. Allerdings sind Lebensmittel alles andere als billig, was oft dazu führt, dass zweimal überlegen wird, ob tatsächlich der überteuerte, dafür komisch schmeckende Käse aufs Labber-Brot drauf muss, und ob der Kaffee wirklich nur mit Milch gut schmeckt – und wozu überhaupt Kaffee?

Ertappt man sich bei derartigen Überlegungen, sollte man sich zu einem innerlich (oder laut) ausgerufenen Stopp! zwingen und sich einfach mit der Tatsache anfreunden, dass Nahrungsmittel einfach teurer sind, was nicht bedeutet, dass man auf sie verzichten muss.

Vorsicht vor den *Convenience Stores*, meist 24 Stunden geöffnet und teurer als die normalen Supermärkte! Generell sind kleinere, unbekanntere Läden günstiger als die großen Ketten. Märkte bieten oft frühmorgens (vor 9 Uhr) besonders günstiges Gemüse an.

In den Städten kann man beim Lebensmitteleinkauf Geld sparen, indem man in Vierteln mit vielen asiatischen Einwanderer einkauft. Käse und Roggenbrot wird man zwar nicht finden, doch Grundnahrungsmittel wie Öl, Reis, Gemüse, Obst etc. werden meist zum Spottpreis angeboten. Günstige regionale Produkte sind in den *orchard shops* zu haben. Ein vielfältig einsetzbares Produkt ist „Lisa", eine Art Aufstrich, der sowohl aufs Brot als auch zu Nudeln, Reis oder Kartoffeln passt. Es gibt ihn in den unterschiedlichsten Geschmackssorten, z.B. Feta & Basilikum, getrocknete Tomaten & Oliven etc.

Anders als bei uns erkennt man billigen Wein am Korken, während teurere Sorten hier häufig einen Schraubverschluss haben.

In Hostels wird häufig gemeinsames BBQ angeboten, das – außer für Vegetarier – sehr zu empfehlen ist. Selber grillen ist übrigens mit einem *coin grill* auch kein Problem. Es handelt sich um einen öffentlichen Gasgrill, den man mit Dollar-Münzen füttert.

In den meisten Backpacker-Hostels gibt es ein „Free Food"-Fach im Kühlschrank und den Regalen. Darin befinden sich die Nahrungsmittel, die von abgereisten Backpackern zurückgelassen wurden, z.B. angebrochene Milch oder angefangene Margarine. Diese Lebensmittel stehen der Allgemeinheit zur Verfügung. Gerade Gewürze und Öl sind auch immer vorhanden.

Häufig werden in der Backpacker-Szene Essens- oder Getränkegutscheine verteilt. Damit wollen die örtlichen Bar- und Pubbesitzer die feierwütige Backpacker-Gemeinschaft in ihre Lokalität locken. Warum also nicht diese Werbestrategie ausnutzen und das Geld fürs Abendessen einsparen? – Hinterher bleibt es jedem selbst überlassen, ob man dort noch weiterfeiert oder nicht.

Wohnen

Wer mindestens eine Woche an einem Ort verweilen möchte, sollte sich nach Rabatten im Hostel erkundigen. Häufig erhält, wer z.B. sechs Nächte im Voraus bezahlt, eine Gratisübernachtung.

Am günstigsten kommt man weg, wenn man eines der Mitwohnnetzwerke wie Couchsurfing oder Hospitality Club nutzt, siehe entsprechendes Kapitel.

Eine Entlastung der Reisekasse stellen auch Übernachtungen in freier Natur (bzw. im Camper oder Auto) dar. Im Gegensatz zu Australien braucht man sich bisher keine Sorgen zu machen, dass man aus dem Schlaf geschreckt und zum Weiterfahren aufgefordert wird. Aber die Zeiten ändern sich. Die Neuseeländer haben die Nase voll von dem Müll, den die Camper hinterlassen und dessen Entfernung sie überdies bezahlen müssen.

Wer sich auf noch längere Zeit binden kann, sollte sich nach einer Wohngemeinschaft umsehen. Das ist nicht nur günstiger, sondern auch bedeutend angenehmer. Endlich ein eigenes Zimmer ohne sieben schnarchende Zimmerkollegen! Es ist allerdings zu beachten, dass es im neuseeländischen Winter empfindlich kalt werden kann, da Zentralheizungen so gut wie unbekannt sind. Zudem bestehen die Häuser nicht aus Ziegelsteinen, wie wir sie kennen, aus Beton etc., sondern aus verstärkten Holzplatten. Die Fenstergläser haben außerdem keine Doppelverglasung, und das Dach ist aus Blech. Um die Bude wenigstens etwas zu erwärmen, heizen die Neuseeländer mit Heizlüftern (was die Stromkosten kräftig in die Höhe schießen lässt) oder per Klimaanlage, die neuerdings auch warme Luft verströmen kann. Abhilfe schaffen außerdem Heizdecken, Wärmflaschen und viel heißer Tee.

Bücher

Reisende Leseratten brauchen nicht zu verzagen: Man muss keine Bücherei mitschleppen, um einen stetigen Lesefluss zu gewährleisten. Mittels dem in vielen Hostels angebotenen Büchertausch kann man das eigene gelesene Buch flugs gegen ein anderes auswechseln. Das Buchaustausch-Regal biegt sich meist unter zahlreichen Büchern verschiedener Genres und Sprachen – dank der vielen reisenden Landsleute übrigens häufig auf Deutsch.

Klamotten

Wer sich als Aushilfe beim Bau oder der Ernte verdingen möchte, benötigt robuste Klamotten. Um sich die Alltagskleider nicht zu verderben, besorgt man sich die Arbeitsklamotten am besten in Secondhand-Läden, die z.B. vom Roten Kreuz (*Red Cross*) oder der Heilsarmee (*Salvation Army*) betrieben werden.

Bus fahren

In Christchurch gibt es eine kostenlose Buslinie; Fahrpläne liegen in den Hostels aus.

Auto

Es muss nicht teuer sein, mit einem gut ausgestatteten Campervan durch Neuseeland zu brausen – vorausgesetzt, man möchte bestimmte Strecken zügig durchfahren. Dann bietet sich die Fahrzeugrückführung (*relocation deal*) an, die bei vielen Autovermietern immer wieder möglich ist. Die Miete ist dann sehr günstig oder u.U. auch gänzlich frei. Teilweise werden auch Versicherung, ggf. Fähre oder sogar das Benzin übernommen. Die Anforderungen wechseln – manchmal muss man über 18, meist über 21 sein, und teils benötigt man eine Kreditkarte.

Im Folgenden eine Auswahl der Anbieter:

- *Ace Rental Cars: www.acerentalcars.co.nz/relocation/*
- *Apex Car Rentals: www.nzrentalcar.co.nz/relocationdeals.aspx*
- *Apollo Motorhomes: T. 0800 113 131 (innerhalb Neuseelands) oder +800 3260 5466 (aus dem Ausland), info@apollocamper.co.nz, www.apollocamper.co.nz/reloc.aspx*
- *Hippie Camper: T. 0800 113 131 oder 09 889 2976 (innerhalb Neuseelands), T. +800 3260 5466 (aus dem Ausland), info@hippiecamper.co.nz, www.hippiecamper.co.nz/reloc.aspx*
- *Maui Campervan: nzrelocsonline@thlonline.com, T. 00800 200 80 801 (aus dem Ausland), T. 0800 651 080, www.maui.co.nz/motorhome-hire-promotions/relocations*
- *Omega Rental Cars: www.omegarentalcars.com/relocations.php*
- *Quality Car Rentals: T. 0800 680 123, www.qualityrental.co.nz/relocations.html*
- *Thrifty Car Rental: T. 03 359 2720, www.thrifty.co.nz/index.cfm/1,119,299,0,html/FREE-Relocation-Deals-*
- *Transfercar: www.transfercar.co.nz*

Auch Stefan Ketterer konnte über die Fahrzeugrückführung viel Geld sparen:
„Einmal hatte ich mir mit einem Engländerpärchen ein kostenloses Auto gemietet, das wir in 12 Tagen von Christchurch nach Queenstown bringen mussten. Eine tolle Möglichkeit, um Geld zu einzusparen! Vor allem, wenn man von der Süd- auf die Nordinsel oder umgekehrt möchte, da man so das Geld für die Fähre oder den Flug spart. – Ich würde übrigens auf jeden Fall die Fähre empfehlen, denn ich habe um die 30 Delfine gesehen, die uns ein Stück begleiteten und elegant aus dem Wasser sprangen.“

Sonstiges

In einigen Hostels der größeren Städte mit Flughafen (also Auckland oder Christchurch) gibt es „free stuff"-Nischen, wo abreisende Backpacker ganze Schätze zurückgelassen haben: Teller, Besteck, Gaskocher, Klamotten, Reiseführer usw.

Mögliche Probleme

Nicht nur die Eltern machen sich bei einem Langzeitaufenthalt auf der anderen Seite der Erde Sorgen, sondern auch selbst bekommt man die eine oder andere Panikattacke. Aber keine Bange: Das Schlimmste, was den meisten Backpackern während des Jahres passiert, sind Heimweh, Erkältungen oder, wenn es hochkommt, Taschendiebstahl.

Trotzdem kann es nicht schaden, sich im Vorfeld ein paar Gedanken zu machen, was im Notfall zu tun ist. Auf diese Weise lassen sich etwaige Probleme schneller lösen, und in Notlagen wird überlegter reagiert.

Ein Vorteil bei der Inanspruchnahme einer „Work & Travel"-Organisation ist sicherlich die Betreuung durch Partner vor Ort und die Notfall-Rufnummer. Es ist einfach ein beruhigendes Gefühl, zu wissen, dass in verzweifelten Fällen bereits ein Ansprechpartner vorhanden ist.

Wer seinen Aufenthalt selbst in die Hand nimmt, findet auf den folgenden Seiten Wissenswertes und Tipps zu allen erdenklichen Problemen. Dazu zählt z.B. der Krankheitsfall, Pass- und Geldverlust, Heimwehanfälle sowie Anlaufstellen vor Ort.

Wichtig ist in jeder Notlage, Ruhe zu bewahren – es bringt einen nicht weiter, den Kopf zu verlieren. „No worries!" heißt es auch bei den – im Übrigen sehr hilfsbereiten – Kiwis.

Krankheit

Wer in Neuseeland einen Arzt aufsucht, staunt beim ersten Mal nicht schlecht: Behandelt wird nur gegen Bares, d.h. jeder Arztbesuch ist zunächst einmal vorzustrecken und dann unter Vorlage von Quittungen bei der Auslandskrankenversicherung einzureichen. Erste Anlaufstelle ist immer der Allgemeinarzt (GP bzw. *General Practitioner*), der einen bei Bedarf an einen Facharzt überweist.

Verlust wichtiger Dokumente

Bei Verlust des ***Reisepassess*** wende man sich am besten an die nächste Polizeidienststelle, damit ein Polizeibericht erstellt bzw. eine Diebstahlanzeige aufgenommen werden kann. Im Anschluss wird ein Antrag auf Ersatzpapiere bei der deutschen Botschaft in Wellington oder beim Honorarkonsulat in Auckland eingereicht.

Wer genügend Zeit mitbringt (mind. 8 Wochen), kann einen gewöhnlichen Reisepass (*Europass*) beantragen. Wer sich nur noch eine begrenzte Zeit in Neuseeland aufhält oder das Dokument aus anderen Gründen rasch benötigt, beantragt am besten einen vorläufigen Reisepass, den die deutsche Botschaft in Wellington im Normalfall binnen 24 Stunden ausstellt. Er ist maximal ein Jahr gültig. Eine weitere Möglichkeit ist die Beantragung eines Reiseausweises (*Travel Document*), der jedoch ausschließlich zur Rückkehr nach Deutschland berechtigt.
Es ist empfehlenswert, von den wichtigsten Dokumenten Sicherheitskopien anzufertigen, um den Antrag auf neue Ausweispapiere zu vereinfachen und zu beschleunigen.

Wem der Geldbeutel mit ***Kreditkarte*** und ***Reiseschecks*** geklaut wird oder wer diese verliert, ist im wahrsten Sinne des Wortes arm dran. Wichtig ist es, die Karte(n) schnell zu sperren und Ersatz zu beantragen. Dazu ist bei der passenden Notrufnummer (s.u.) anzurufen. Wem die neuseeländische Bankkarte abhandenkommt, sollte dies unverzüglich bei der nächsten Zweigstelle melden und dort gleichzeitig die Ersatzkarte beantragen.
Wer erstmal ohne Geld da steht, erhält dieses am raschesten über *Western Union*. Dazu wird an irgendeinem Ort weltweit (in Deutschland z.B. bei der Geschäftsstelle der ReiseBank AG oder CashExpress GmbH, die an den meisten großen Bahnhöfen, Flughäfen, Grenzübergängen und Fahrhäfen zu finden sind) Bargeld eingezahlt, das dann innerhalb von einer Viertelstunde überall auf der Welt abrufbar ist, z.B. auf Postämtern oder in Wechselstuben. Die aktuellen Ausgabestellen finden sich über die Suche auf *www.westernunion.de*.

Kreditkarten-Notrufnummern:

Zentrale Notrufnummer zum Sperren von EC-, Kredit-, Kunden- + Handykarten: T. 116 116 (aus Dtld.), T. 0049 116 116 (aus dem Ausland)

- American Express: T. 0011 49 69 97 97 10 00
- Citicorp (Diners Club): T. 0011 49 69 26 03 58
- Euro-Scheck: T. 0011 49 1805 02 10 21
- Mastercard / Eurocard: T. 0011 49 69 79 33 19 10
- Visa: T. 0011 49 800 814 91 00

Verkehrsunfall

Nicht nur der Linksverkehr kann einem beim Autofahren in Neuseeland Probleme bereiten, sondern auch kurvenreiche Bergstraßen, einspurige Brücken, unbefestigte Straßen, Rinder- und Schafherden und immer wieder strömender Regen. Da ist ein Unfall schnell passiert.

In so einem Fall ist es auf jeden Fall ratsam, die Polizei zu benachrichtigen (Notrufnummer 111) und Namen und Adressen von eventuell beteiligten Zeugen festzuhalten.

Tipp zur Vorbeugung: Bei den Polizeidienststellen liegen Broschüren zum Thema „Sicheres Fahren“ aus, in denen die (für Ausländer abweichenden) Verkehrsregeln erklärt werden.

Sprache

Das neuseeländische Englisch ähnelt dem australischen und ist außerdem stark von der maorischen Sprache beeinflusst. Besondere Kennzeichen sind z.B. das Füllwort „eh“, das ähnlich dem Deutschen „ne“ am Ende des Satzes angehängt wird, oder der Gebrauch von „she“ statt „it“, beispielsweise in „she's alright“ oder „she'll be alright“, was sich auf Situationen bezieht.

Eine Vokabelliste findet sich auf den letzten Seiten dieses Buches.

Andreas Otto musste sich erst einhören:

„Kiwi-Englisch unterscheidet sich schon etwas von dem hierzulande bekannteren amerikanischen oder britischen Englisch. Ich musste auch erst lernen, alles immer zu verstehen, weil viele Wörter doch anders ausgesprochen werden als man es in Deutschland lernt oder in Filmen hört.

So sagen die Kiwis nicht „everybody“ sondern „ivribady“, nicht „but“ sondern „buh“ und nicht „school“ sondern „schoow“. Es gibt auch viele

Wörter, die meiner Meinung nach nicht so oft im sonstigen englischsprachigen Ausland verwendet werden. Das Wort „piss“ etwa bedeutet hier auch „beer“. Also, wenn jemand sagt: „Drink your piss, mate!“ ist klar, was gemeint ist und was nicht. Oder wenn jemand sagt „We're just taking the piss out of you, mate“, dann macht sich jemand über dich lustig oder hat sich einen Spaß mit dir gemacht. „Mate“ ist übrigens sehr gebräuchlich, fast nach jedem Satz. Auch das „f-word“ wird wohl mindestens einmal in zwei Sätzen gebraucht – Fluchen ist einfach sehr beliebt. Einmal fuhr ich mit meinem Nachbarn in die nächste Stadt, und er beschwerte sich auf der gesamten Fahrt über die Fahrweise der anderen. Es fielen Sätze wie: „What the fuck are you doing on the damn road?!”, “Look at the fucking wanker, what is he doing on the road?”, “Get off the fucking street, pal!” oder auch einfach “Fuck off, man!” – Also, es war schon ziemlich krass manchmal, muss ich sagen ...”

Dem Reisenden wird auffallen, dass im angelsächsischen Sprachraum anders als bei uns überwiegend genital geflucht wird. Ein interessantes Buch zum unterschiedlichen Fluchen bei diversen Völkern stammt von dem Freiburger Romanisten Professor Hans-Martin Gauger: “Das Feuchte und das Schmutzige”, eine eindrucksvolle Untersuchung mit einer Fülle von Material. Schade, dass er über die Linguistik nicht hinauskommt und die psychologischen Hintergründe erklären kann.

Heimweh

Während zu Anfang alles spannend und unbekannt ist, verblasst der Reiz des Neuen irgendwann, und Heimweh macht sich breit.
Leider lässt sich Heimweh nicht einfach abstellen. Was aber hilft, ist mit anderen darüber zu sprechen. Schließlich ist man meist umgeben von anderen Backpackern in ähnlicher Situation, die bestimmt alle schon einmal vom Heimweh gepackt wurden. Gemeinsam Tipps auszutauschen, ein Bierchen zu trinken oder einfach auf hohem Niveau zu jammern, kann einfach manchmal sehr hilfreich sein.

Gewaltverbrechen

Neuseeland ist ein sehr sicheres Land, in dem auch allein reisende Frauen gut aufgehoben sind. Trotzdem sind auch hier Gewaltverbrechen nicht auszuschließen.

Sollte man selbst Opfer einer Gewalttat werden, so erhält man von den deutschen Auslandsvertretungen jede erdenkliche Hilfe und Unterstützung. Die Konsulate organisieren ärztlichen und rechtlichen Beistand und helfen, die Tat bei den zuständigen Polizeibehörden zu melden. Die landesweit gültige Notrufnummer der Polizei, Ambulanz und Feuerwehr ist die 111.

Wissenswertes

Feiertage

New Year's Day	1. Januar
Day after New Year's Day	2. Januar
Waitangi Day	6. Februar
Good Friday	Freitag vor Ostersonntag
Easter Monday	Montag nach Ostersonntag
Anzac Day	25. April
Queen's Birthday	1. Montag im Juni
Labour Day	vierter Montag im Oktober
Christmas Day	25. Dezember
Boxing Day	26. Dezember

Zu beachten ist, dass einige der Feiertage „mondayised" sind, z.B. *Christmas Day* oder *New Year's Day*. Das bedeutet, dass der Feiertag am darauffolgenden Montag nachgeholt wird, sollte er auf ein Wochenende fallen. Eine feine, nachahmenswerte Sache …
Die einzelnen Regionen haben außerdem noch zusätzliche Feiertage.

Festivals

- Roots-Festival in Kaikoura (Januar): Reaggae-, Soul-, HipHop-, R&B-, D&B- und Maorimusik
- Big Day Out in Auckland (Januar): Musikfestival, wie wir es aus Europa kennen. Elektro- und Rockmusik.

- World Busker Festival in Christchurch (Januar): Zirkusartisten und Straßenkünstler zeigen ihre Kunst. *www.worldbuskersfestival.com/*
- Hawke's Bay Wine and Food Festival (Januar): www.harvesthawkesbay.co.nz
- Auckland Seafood Festival (Januar): Dreitägiges Festival rund um Wein, Fisch & Meeresfrüchte
- Te Matatini National Kapa Haka Festival in Gisborne (Februar): Maoritänze und -gesänge. *www.tematatini.co.nz*
- Marlborough Wine Festival (Februar): Wein und Essen. *www.wine-marlborough-festival.co.nz*
- Rippon Music Festival in Wanaka (Februar): *www.ripponfestival.co.nz*
- Mercury Bay Art Escape auf Coromandel Peninsula (Februar/März): Maler, Bildhauer, Töpfer, Schmuckdesigner u.v.m. zeigen ihre Künste an zwei Wochenenden. *http://mercurybayartescape.com/*
- Rotorua Festival of Arts in Rotorua (Februar/März): Tanz- und Theaterfestival.
- New Zealand Fringe Festival in Wellington (März): Künstlerfestival mit Tanz, Theater, Musik etc. www.fringe.co.nz
- Pasifika Festival in Auckland (März): Festival der kulturellen Vielfalt mit Künstlern aus Samoa, Tonga, Cook Islands, Fiji, Niue, Tahiti, Tokelau, Tuvalu, Kiribati und Neuseeland selber. *www.aucklandcouncil.govt.nz/*, > Events
- Ellerslie International Flower Show in Christchurch (März): Garten- und Blumenfestival.
- Auckland Arts Festival (März): Musik, Tanz und darbietende Künste. *www.aucklandfestival.co.nz*
- WOMAD in New Plymouth (März): Internationales Kulturfestival mit Künstlern aus aller Welt. http://womad.co.nz/womad_index.html

- SCAPE Christchurch Biennial (März/April): Installationen und andere moderne Kunstformen. *www.scapebiennial.org.nz*
- iD Dunedin Fashion Week in Dunedin (April): Mode-Festival. www.id-dunedinfashion.com
- Arrowtown Autumn Festival (April/Mai): Herbstfestival mit Musik, Tanz und Kunst.
- NZ National Agricultural Fieldays in Hamilton (Juni): Größtes landwirtschaftliches Festival der Südhalbkugel. *www.fieldays.co.nz*
- American Express Queenstown Winterfestival (Juni/Juli): www.winterfestival.co.nz
- New Zealand International Film Festival in Auckland und Wellington (Juli): *www.nzff.co.nz*
- Wellington on a Plate (August): Kulinarisches Festival. www.wellingtononaplate.com
- Whitianga Scallop Festival auf der Coromandel Halbinsel (September): Der Jakobsmuschel wird in aller Form gehuldigt. *www.scallopfestival.co.nz*
- Kaikoura-Seefest (Oktober): Der Reichtum des Meeres wird zelebriert. www.kaikoura.co.nz/seafest
- Allshorts (Oktober): Kurzfim- und Musikvideofestival Takaka.
- Toast Martinborough Festival in Wellington (November): Weine und Delikatessen aus der Gegend. *www.toastmartinborough.co.nz*
- Tauranga Moana Seafood Festival (November)
- New Zealand Tattoo & Art Festival in New Plymouth (November): Tattoo-Festival. *www.nztattooart.com*
- Rhythm and Vines Festival in Gisborne (Dezember): Dreitägiges Musik- und Weinfestival um Silvester, fünf Bühnen auf einem Weinberg. *www.rhythmandvines.co.nz*

Und hier eine allgemeine Adresse: *http://www.festival.co.nz/*

Nationalhymne

“Weiße” Fassung:

God Defend New Zealand
God of nations! At Thy feet
In the bonds of love we meet,
Hear our voices, we entreat,
God defend our Free Land.
Guard Pacific's triple star,
From the shafts of strife and war,
Make her praises heard afar,
God defend New Zealand

Men of ev’ry creed and race
Gather here before Thy face,
Asking Thee to bless this place,
God defend our Free Land.
From dissension, envy, hate,
And corruption guard our State,
Make our country good and great,
God defend New Zealand.

Peace, not war, shall be our boast,
But, should foes assail our coast,
Make us then a mighty host,
God defend our Free Land.
Lord of battles in thy might,
Put our enemies to flight,
Let our cause be just and right,
God defend New Zealand.

Let our love for Thee increase,
May Thy blessings never cease,
Give us plenty, give us peace,
God defend our Free Land.
From dishonour and from shame
Guard our country's spotless name
Crown her with immortal fame,
God defend New Zealand.

May our mountains ever be
Freedom's ramparts on the sea,
Make us faithful unto Thee,
God defend our Free Land.
Guide her in the nations' van,
Preaching love and truth to man,
Working out Thy Glorious plan,
God defend New Zealand.

Dazu gibt es natürlich auch eine Maori-Fassung. Es ist schon seltsam, dass ein Volk, das seines Landes beraubt wurde, den Gott der Weißen anrufen und singen soll:
Zu Deinen Füßen in den Fängen der Liebe treffen wir einander
Wahre unseres Landes makellosen (unbefleckten) Namen, kröne ihn mit unsterblichem Ruhm …

Guard our country's spotless name, Crown her with immortal fame ...
denn "makellos" war nichts, sondern eher blutbefleckt. Wie immer lief die Kolonisierung mit Gewalt und Betrug ab, wenn auch weniger drastisch als nebenan in Australien.
Der ganze Text ist natürlich ein ziemlicher Hirnsch… aber das sind viele Nationalhymnen. Da lobt man sich die Marsaillaise, ein nettes, kerniges Kriegslied, und das geht so:

Hört ihr auf den Feldern diese wilden Soldaten brüllen?
Sie kommen bis in eure Arme, um euren Söhnen, euren Gefährtinnen die Kehlen durchzuschneiden. …
Marschieren wir, marschieren wir!
Unreines Blut Tränke unsere Furchen!

Das wird bei jeder Gelegenheit gesungen; Olympia, Fußballspiele, politische Feiern. Das ist doch lustig, oder?

Nützliche Vokabeln

Neuseeland-Slang

Alltägliches

G'day	hallo, guten Tag
How's it going	Wie geht's?
cheers	toll, danke
ta	danke
tata	tschüss
hooray	tschüss, auf Wiedersehen
no worries	alles kein Problem down under – Grundeinstellung der Aussis und Kiwis
naff off	hau ab
easy as	kein Problem
sewl	bis später, tschüss (von "see you all later")
chur	Abschiedswort wie z.B. in 'Chur bro'
youse	Ihr („you" im Plural)
shot	Prost, danke, aber auch: gut gemacht
too much	toll
a box of birds	alles in Ordnung / mir geht's gut (als Antwort auf "how are you?")
a box of fluffies	Variante von "a box of birds"; gekürzt von "a box of fluffy ducks"
mean, mint	cool, toll (Bsp. "that's a mean car")
solid	toll
cracker	sehr gut
sweet as	super (kommt von „sweet as pie")
beaut	wunderbar

good as gold	bestens
good on ya	gut gemacht/weiter so, freut mich für dich
choice	super
chuffed	sich freuen, (über-) glücklich sein
fair dinkum	ehrlich, echt
good sort	guter Mensch
bro/bei	Kumpel („brother“)
mate	Kumpel
cobber	Kumpel
cuz / cuzzie	Cousin oder Freund
fulla	Typ, Kumpel (von “fellow”)
joker	Kerl
bloke	Kerl
hard case	Witzbold, auch: Sturkopf
dag	lustiger / alberner Typ
Sheila	Frau
plod	Polizist
sook	Heulsuse, Angsthase
wet blanket	Miesmacher, Spaßverderber
bludger	Schmarotzer
boy racer	junger Raser (Autofahrer); veraltet: „hoon“
JAFA	gehässiger Spitzname für Aucklander (“Just another fucking Aucklander“)
townies	Stadtmenschen
Pakeha	Neuseeländer europäischer Herkunft
ocker	Aussie
POM	beleidigend für Engländer („Prisoner of Mother England“
the rentals	Eltern (von “parentals”)
scarfie	schaltragende Otago-Studenten
hottie	Wärmflasche, auch: heißer Feger/scharfer Typ
Kiwi	brauner Nationalvogel, Neuseelän-

	der, Frucht („kiwi fruit“)
tin-arse	Glückspilz
chinwag	Unterhaltung, Schwatz
brassed off	enttäuscht, genervt
duvet	Bettdecke
skivvy	Hemd
singlet	Unterhemd
togs	Badeanzug
jandals, thongs	Flipflops (ersteres von „Japanese sandals“; auch: Samoan safety boots)
brolly	Regenschirm
gumboots	Gummistiefel
stubbies	kurze Männerhosen
togs	Badeanzug, -hose, generell Schwimmsachen
torch	Taschenlampe
bit of a problem	echtes Problem (typische Untertreibung)
bugger	Mist, verdammt
by jingoes/jingles/crikey	(harmlose) Flüche
tramping	wandern, bergsteigen
bach, crib	Ferienhaus
dairy	Tante Emma- oder Quartierladen
docket	Quittung, Kassenzettel
dunny	Toilette
longdrop	Plumpsklo
in the sticks, back-blocks	abgeschieden, ländlich
wopwops	sehr ländlich
up the Puhoi or Boohai	in der Pampa
metal road	nicht asphaltierte Straße
blat travel	sehr schnell
petrol	Benzin
ONO	or nearest offer (bei Preisangaben, Verhandlungsspielraum)
station	Farm, großer Bauernhof
cocky	Farmer

bobby calf männliches Kalb	
swanndri	Arbeitskleidung für die Farm
to muck in	helfen
a balls up	Fehler
ute	Pickup-Truck (von “utility vehicle”)
Godzone	damit ist Neuseeland gemeint (“God’s own country”
big OE	langer Übersee-Aufenthalt, den viele 20-30jährige Neuseeländer einlegen, wenn sie den Inselkoller kriegen (kommt v. „Overseas Experience“)
bush	Wald
mozzie	Moskito, Stechmücke (von „mosquito“)
buzzy bee	typisches Holzspielzeug
chippie	Schreiner
footy	Rugby
pokies	Glücksautomaten
flicks	Kino
sickie	krank machen
crook	angeschlagen, krank
bot	Grippe
wowser	Spielverderber
barney	Streit
smoko	Arbeits-/Raucherpause (von „smoking break“)
arvo	nachmittags (von „afternoon“)
tinny	Boot (aus Metall)
the ditch	Graben, Bach; bezieht sich hier auf die Tasmansee zwischen Neuseeland und Australien, oft gebraucht als „across the ditch“, also in Australien
flag	etwa: kein Bock (Bsp: “Are you going to wash the dishes now?” – “Nah, flag.”)

munted	kaputt (machen)
pakaru	kaputt
shraps	Kleingeld (von "shrapnel")
french letter, frenchie	Kondom
waka jumping	die Seite wechseln (etwa: sein Fähnchen nach dem Wind hängen)
bogan	prollig
bunk /bunking (off), wag	schwänzen
chunder	kotzen, Kotze (von „watch out under")
blotto, pissed, shicker	betrunken
claytons	billige Imitation, nicht das Original
scab	Bettler, betteln
dole	Arbeitslosengeld
shake a leg	sich beeilen

Kulinarisches

tucker	Essen
chips	Pommes frites, aber auch Kartoffelchips
shark&taties	fish&chips
banger	Wurst, auch: altes Auto
spuds	Kartoffeln
bikkie	Keks
vogels	Brotsorte
brekkie	Frühstück
chuddy/chutty	Kaugummi
bring a plate Essen/eine Speise mitbringen	
BYO	z.B. Alkohol ins Restaurant mitbringen (von „bring your own")
chilly bin	Kühlbox
fizzy	Limo
shandy	Radler (Bier mit Limonade)
chook	Huhn

sarnie	Sandwich
cuppa	Tasse Tee oder Kaffee
handle	Glas Bier
jug	Wasserkocher, Krug
kumara	Süßkartoffel
L&P	Getränk („Lemon & Paeroa“)
mountain oysters	Hammelhoden
pikelet	Pfannkuchen
stubbie	(kleine) Flasche Bier
tea	Tasse Tee oder Abendessen
veges	Gemüse (von „vegetables)
OTP	sich betrinken (von “on the piss”)
rolls/rollies	(Zigaretten) drehen (“rolling tobacco”)
tailies	Zigaretten (von “tailor-made cigarettes”)
snags, snarlers	Würstchen
your shout	du bist dran (normalerweise, in der Kneipe eine Runde zu bezahlen)

Maori-Vokabeln

tahi, kotahi	eins
rua	zwei
toru	drei
wha-	vier
rima	fünf
ono	sechs
whitu	sieben
waru	acht
iwa	neun
tekau	zehn
mano	tausend
Aotearoa	Neuseeland
Pakeha	Weißer, nicht Maori
ehu	Freund
Kia Ora	Guten Tag, danke

inu	trinken
kai	Essen
kapai	gut
aha	was
marae	Gemeinschaftshaus
whare, ware	Haus
tangata	Mensch, Person
eoh/eoa/aoh	Kumpel, Freund (von "e hoa")
nui	groß
tu meke	toll, zuviel
poto	kurz
ina-ianei	jetzt
ra-	Sonne; Tag
wiki	Woche
po-	Nacht
ina-tahira-	vorgestern
nanahi	gestern
a-kuanei	heute
a-po-po-	morgen
a-tahira-	übermorgen
ahiahi	Nachmittag; Abend
haora	Stunde, Uhr
tu-reiti	spät
takutai	Küste
one	Strand
awa	Fluss
wai	Wasser
motu	Insel
waka	jede Art von Fahrzeug, ursprüngl. Kanu
hau	Wind
poti, waka	Boot
marangai	Regen
ngahere	Forst, Wald
rangi	Himmel
ka-inga	Haus
a-wha-	Sturm

moana	Meer, See; Ozean, Weltmeer
tai timu	Ebbe
ika	Fisch
mahana	warm
Aotearoa, Niu Tireni	Neuseeland
Ahitereiria	Australien
U-ropi	Europa
Tiamani	Deutschland

Nützliche Webadressen

- *www.ganzrechtsunten.de* – amüsanter Reiseblog von den Working-Holiday-Erfahrungen dreier Deutscher
- *http://neuseelandbilder.com/* – Beobachtungen einer Rundreise
- *www.work-travel-nz.com* –ausführliche Work & Travel-Seite einer ehemaligen Backpackerin, die nach Neuseeland ausgewandert ist. Bietet auch ein Einsteigerpaket mit zwei Übernachtungen und einer Einweisung ins neuseeländische Leben an.
- *www.neuseeland-news.com* – Neuigkeiten rund um Neuseeland: Buchtipps, Gesetzesänderungen, Arbeitsmarkt, Stellenanzeigen etc.
- *http://neuseelandfuerdeutsche.com* – Informationsseite zu Touristenzielen, Wetter, Land und Leuten, Jobsuche, Kontoeröffnung, touristischen und öffentlichen Transportmöglichkeiten etc.
- *www.nzvillage.com* – Informationsportal rund um Reisen, Sprachschulen und Auswanderung
- *www.neuseelandhaus.de* – Onlineshop mit neuseeländischen Produkten, außerdem Forum und Newsletter
- *www.fourcorners.co.nz* – englischsprachiges Reiseportal
- *www.backpackerboard.co.nz* – englischsprachiges Reiseportal, auch Wissenswertes zur Jobsuche
- *www.jasons.co.nz* – englischsprachiges Reiseportal

Index

Gesucht !
Tipps, Ergänzungen, Verbesserungen

Helft mit, dieses Buch für nachfolgende Backpacker zu verbessern und aktuell zu halten. Teilt uns Eure Erfahrungen und Beobachtungen mit, schickt Eure Lieblingsfotos, am besten mit 300 dpi.

Substantielle Beiträge belohnen wir mit einem Buch aus unserem Programm. Ferner stellen wir gerne eine Bestätigung über eine redaktionelle Mitarbeit aus, ein kleines Sternchen im Lebenslauf …

info@interconnections.de

Jobs, Praktika, Austausch und Reise

interconnections-verlag.de

Wohnen gegen Hilfe

Einander unterstützen bei Tätigkeiten rund um Haus, Hof und Garten …
Abgesenkte Miete gegen Mitanpacken im Haushalt ist das Prinzip.
Vermieter sind Familien, Senioren u.a., Mieter meist junge Leute, Azubis, Studierende, Leute in der Ausbildung, Sprachschüler u.a.

Mitwohnen.org
